来谈谈那些痛苦的事吧

商务人士的父亲为孩子所写下的

『工作的本质』

苦しかったときの話をしようか

［日］森冈毅 著

韦玮 译

图书在版编目（CIP）数据

来谈谈那些痛苦的事吧：商务人士的父亲为孩子所写下的“工作的本质”/（日）森冈毅著；韦玮译.
—北京：机械工业出版社，2020.5
ISBN 978－7－111－65302－8

Ⅰ.①来…　Ⅱ.①森…②韦…　Ⅲ.①成功心理-通俗读物　Ⅳ.①B848.4-49

中国版本图书馆CIP数据核字（2020）第058943号

机械工业出版社（北京市百万庄大街22号　邮政编码100037）
策划编辑：坚喜斌　　责任编辑：坚喜斌
责任校对：张玉静　肖　琳　　责任印制：孙　炜
北京联兴盛业印刷股份有限公司印刷

2021年1月第1版·第1次印刷
145mm×210mm·8印张·139千字
标准书号：ISBN 978－7－111－65302－8
定价：59.00元

电话服务
客服电话：010－88361066
010－88379833
010－68326294

网络服务
机　工　官　网：www.cmpbook.com
机　工　官　博：weibo.com/cmp1952
金　书　网：www.golden-book.com
机工教育服务网：www.cmpedu.com

封底无防伪标均为盗版

序 言
Preface

残酷世界中的“希望”为何物？

我和我的四个孩子一同生活，你可以想象如同动物园一般混乱的家中是何等“热闹非凡”。孩子中最小的那个还在上中学，大儿子即将进入高中，二女儿正读着大学，而大女儿则马上就要大学毕业了。啊，我的孩子们也即将一个接一个地迎来幼鸟离巢的时刻了。每每想到此处，作为父母的心中总是充满了落寂。平日里但凡碰上某个孩子因修学旅行等原因不在家时，我立马就会觉得，原本鸡飞狗跳的家里仿佛一下子就变得寂寥起来。有时我不禁会想，在有孩子之前我到底过的是一种怎样的生活？但现在却全然回忆不起来了。在不远的将来，等孩子们全部离家之后，重归平静的家中就只剩我和妻子两人，那时候的日子又会变成什么样呢？感觉真是无法想象。

但是仔细一想，自己不也是这么过来的吗？孩子离开父母开启自己人生旅程的时刻终究会到来。孩子们诞生到这个世界上就是为了有朝一日能飞向那片只属于自己的天空，作为父母，如果孩子不能“顺利离家”反而会更令人忧心，这个道理其实我早就想明白了。

几年之前某个周末的下午，我和正在客厅玩手机的大女儿进行了这样一场对话。

“你读大学已经两年多了，现在大学生活还有最后不到两年的时间，你想好大学毕业之后做什么了吗？”

“啊？额……”

就在我向女儿发问的同时，客厅中的气氛明显发生了变化。

“爸爸不是在问诸如找工作或者读研究生这种近在眼前的事，而是想知道你将来想从事什么样的工作。”

“嗯。”

女儿慢慢放下手中的手机并转向我，脸上写满了困惑且一言不发。

我一直都很享受与女儿之间“一问一答”式的流畅交流，但唯独在谈论这种话题的时候，女儿就会变身为一块沉默的石头。我很清楚，在这种情况下已经不适合再继续追问下去了，我得忍着！

漫长的沉默过后，女儿小声嗫嚅道：

“想做什么我自己也不知道。”

在这场沉默比拼中我虽然勉强获得了胜利，但作为一个傻瓜一样的父亲，我那点可怜的忍耐力也即将达到极限。

“那你自己思考过怎样才能弄清楚自己究竟想干什么吗？”

“额……”

女儿的表情逐渐紧绷起来。

“怎么弄清楚我也不知道。”

唉，再这样说下去可就糟了，又会陷入以往那种模式了。明明知道后果，但我还是没忍住，一脚踩进了对话的雷区。

“那你打算要和谁商量一下吗？”

“……”

“这么重要的事情明明没有想清楚却放任不管，这难道不是最糟糕的应对吗？如果自己现在真的不知道将来做什么的话，就应该摆出应有的姿态去把它弄明白，你说说看，到目前为止，你都做过哪些努力了？”

“……”

“如果今天和昨天相比没有任何改进的话，那么这样的日子即使重复100年，问题依然不会得到解决，对吧？那你觉得应该怎么办呢？”

“……”

言语中已有些激动的我正想继续说下去，但此时女儿的目光却已然变得有些难过而可怜。

“这些道理我都懂，但我就是不知道嘛……”

女儿说着就走出了客厅。

唉，果然变成了这样……这种和沉默的对战实在非我所长。只要是有关孩子的事，似乎家长就很容易“着急上火”。越是想把自己的想法一股脑地全都灌输给孩子，反而越容易落得一个不欢而散的下场。明明有这么多的想法想要传递，但由于方式问题，效果总是不尽如人意。作为一个父亲，现在能为孩子做的真是越来越少了。

但即便在这种情况下，我这个有点傻的家长也未停止过思考，难道就真的没什么办法能帮到孩子吗？女儿现在确实很烦恼，而我正好知道该如何靠自己去解决这一问题。既然如此，我想按照我的想法，将“Perspective（个体如何认知世界）”体系化，用更加易懂的方式写下来，传授给女儿。想必通过这种书面的形式，无论是写的人还是看的人，都能够更冷静一点吧。

虽然问题的答案只能靠每一个人自己去寻找，但在考虑自己的将来及工作时，如果先能掌握“思考的方法（Framework）”，必然大有裨益。换个更易懂的说法，我想做的是：撰写一本能够对那些苦恼于择业问题的孩子们有帮助的《虎之卷》[一]。从这一念头浮现之日起，每当工作之余，抑或是在文思泉涌的深夜，

㊀ 日本文化中泛指密不外传的秘籍、攻略——译者注

我都会利用这些零碎时间进行写作，使之不断丰满。等回过神来，经过一年以上时间不断填充的这本《虎之卷》，已变得相当“厚实”。

此后的某一天，一位之前与我有过合作的编辑来到了我的事务所，这位编辑此行的目的是为了催促我赶快出一本新书。但其实为了新书内容所做的研究我还未整理出头绪，事实上一个大字都没写。

“你不会真的一笔未动吧?”

他用略带怀疑的眼神看着我说。

“不是，只是没有想象的顺利。很抱歉……其实我最近都在写这个东西。”

迫不得已，我把我的《虎之卷》拿了出来。

“但这其实是为了孩子们写的东西，可能内容上与你想要的不太一样。”

“嘿，你不是在写嘛，那赶紧先让我看看。”

“这不合适吧，其实我写的这个东西是很私人性质的……”

这位任性的编辑同志一把夺过我手中的稿件，一脸坏笑地看了起来。看着看着，他的目光变得认真起来，整个人如同画面定格一般目不转睛地盯着手中的原稿。落针可闻的会议室中，仿佛只剩下他和眼前的文字。我闲得无聊，就暂时离开了会议室。

不久之后等我再次回到会议室，眼前的景象着实让我吓了一跳，平日里颇有点喜怒不形于色的这位编辑正双眼赤红地小声念叨着。

“太厉害了，这稿子……整个人都仿佛要被吸进去一样，读到后半段更是震撼不已。”

此时原稿上还晕染着清晰的泪痕。

“这份原稿如果只作为森冈家的传家宝流传下去的话，那就太可惜了。应该将它公之于世！让它不单单惠及森冈家的孩子们，而是所有即将面临求职的年轻人。不，我们应该让它成为一部从根本上对那些因职业生涯而烦恼的人有所帮助的书！”

话说回来，要将“career”一词翻译成日语本就十分困难。若将它译成“出人头地”，则稍显庸俗；如若解为“职务经历”，又会让那些以终生兢兢业业只服务于一家公司为荣者毫无共鸣。此前我发表过“别和公司‘结婚’，要和专业能力‘结婚’！”的言论，收到了许多来自媒体朋友们的反馈（批评？）。其实关于职业生涯的思考，或许正因为“十人十色”，所以更易招来反感。因而想要在书中明确地表明“我对此深信不疑”是需要相当大的勇气的。更遑论这部原稿本就是准备只在森冈家“境内”使用的，可以说完全是我内心所想的真实写照。书中诸如“人并非生而平等”这样的论调如果就这样摊开来摆在世人的面前，真的没关系吗？这种担忧让我有些犹豫。

最后，一番天人交战之后，我还是决定让这本书以它本来的样子出现在世人面前。从第1章到第6章的内容，全部选取自之前积累留存下来的手稿。只是对第一人称（原稿为父亲）、第二人称（原稿为女儿的名字）做了修改，除此之外为符合出版物的阅读习惯，也在结构上进行了一定的调整，但基本上忠实还原了原稿的全部内容。也正因为如此，原稿中有很多夸张的描述，也有一部分可能除了我身边人，其他人很难理解的、有一些“年代感”的比喻（如《北斗神拳》的“死兆星”等）和例子。但为了最大限度地保留原稿的真实感，我也把这些内容都保留了下来。

如果经过修改、缝缝补补后变成那种“一本正经”的职业生涯理论的话，我想它所带来的冲击力一定会有所减弱，这也是我最后为什么选择将原稿原汁原味呈现的原因。我写作的初衷，并不是基于评论家以及市场营销专家的立场，而是作为一个父亲，凭借一种渴望子女能获得成功的执念，记录下了我作为奋战在商场最前沿的实践者所拥有的独特视角。我相信，这些生动且鲜活的内容正是本书最可贵的“特征”。可能也正因为如此，这本书也许会比我以往的著作更易出现评价两极分化的现象。但即便如此，我也希望这本书所独有的“真实感”，能为更多的读者带来一种良性的刺激。

在这部原稿之中，也包含了我以往著作中一以贯之的内容，即揭示一条尽可能接近“本质”的路径。也就是认清现实，通过做出正确的选择来一步一步接近目的地，这就需要能够发现并搞清楚现实中所产生的各种各样的“机制”。在我看来职业生涯也正是如此。为了在社会中抓住成功的机会，我们必须要认真地直面这些“机制”并准确把握好其本质。

在这个与职业生涯深刻关联的世界中，充斥着各色由“机制”诞生出的“残酷现实”。这个世界深深植根于“神”所制定的极其简单的“平等精神”之上，当结果发生偏向，落到每一个人头上时又显得极为“不平等”。其实所谓的“神”，其真面目就是“概率”，即每一个事件的发生都被极为平等地进行“随机”分配，这也就是结果往往产生“偏差”的原因。因此，由“神”来掷骰子的结果就是：有一个人同时享受三四种幸运的情况，也就会有人同时背负着三四种不幸。这就是这个世界的残酷现实。

那我们应该如何面对这个“残酷的世界”，又如何在这样的世界中生存下去呢？我想，职业生涯就是我们每一个人面对这个问题时给出的答案。本书想要论述的就是：“神”掷骰子所决定的“生而有之”的东西，如何更好地去认知，以及如何最大限度地去活用它，去达成各种各样的目的，除此之外并无其他。为此，我们需要知道自身的“特质”是什么，需要找到能将这些特质作为强项充分发挥的“环境”，并且将这些“强项”进一步延展。为了让我的孩子能理解这些问题为什么如此重要，我在原稿中进行了详细的阐释。

作为“神”掷骰子“随机”后的结果，人和人的差异，往往并不真正体现在人的外貌上，而是在于人眼看不见的内在。先天拥有的特质和独特的后天成长环境，导致每个人情况都不一样的组合造就了这个世界上独一无二的你。如果这种“独一无二”无法轻易改变，那么我们能做的就只有接受骰子的结果，然后向前看。如果光顾着羡慕别人，那真是浪费生命，别忘了我们能够改变的，就只有未来！

那么，希望又是什么呢？在我看来最大的希望是，即便这样我们仍有“选择的能力”。无论你带着何种特质降生到这个世界，其实决定人生目标及轨迹并做出种种选择的只能是你自己。这一点我衷心希望能被更多的人所意识到。

与50年前又或是20年前相比，现在的社会无疑包容着更多的生活方式。如今已不再是那个只能选择成为企业员工的时代了，跳槽也变得寻常起来，女性在就业时更不会只有行政类的职位可供选择。甚至与我刚踏入社会时的那个时代相比，如今摆在我们面前的选择明显要丰富得多。不仅是职业种类，在业态、办公形式、创业等层面，可供选择的劳动方式正变得越发多样起来。

但另一方面，我知道对于绝大多数人来说，或许不去做选择反而会比较轻松愉快。但在如今这个全球化的时代，这种不去主动选择的生存方式已经行不通了。选择多样化的潮流已是大势所趋，不可避免。因此，只有那些敢于“做出选择”的人才能更好地构建起自己的职业生涯，进而推动这个时代向前加速。

我们中的绝大多数人是否正在过着一种“水母式人生”呢？人世间的浪潮会将那些被动地随波逐流者中的绝大多数瞬间吞没。人一旦发现自己并不是天赋异禀的幸运儿，就会很快被这个世界所影响，进而步入随大流的人潮当中。这些人看似在面对每一个人生课题时都足够认真努力，但真相是他们只是全身绵软无力地在随着潮水漂流罢了。由于他们没有明确的意志，所以就连在潮水中自由游动都做不到。就这样 10 年、15 年过去了，当他们看到曾经的熟人如敏捷的鱼儿般在潮水中畅游时，他们还会甘于自己选择的这种“水母式人生”吗？

此外，我们是不是还一直在将我们的命运交给一部部“扶梯”呢？如果眼前有一部扶梯，是个人都会想也不想地就飞奔过去，毕竟相较于爬楼梯来说，肯定是乘扶梯要轻松得多。但是，自走上扶梯的那一刻起，在这条既定的轨道上你就失去了活动的自由。在到达终点的这段时间内，你只能看着熙熙攘攘排成一条直线挡在你前方的职场前辈们的背影，而你身后又是那些后辈晚生带着怨念的眼神瞅得你脊背生寒。可叹如三明治般被夹在中间的你却又没有逃离的勇气。如果真的受不了的话，按理说应该果断离开，但大多数人最终都选择了放弃，只是这么一味地待在扶梯上而已。事实上在现实中，这种“扶梯”往往并不能将你带到人生的终点，但即便如此，除非是被要求走下扶梯，大多数人是不会选择主动放弃乘坐的。

大多数人在选择过一次之后明明还有再次选择的机会，但仍会主动放弃，这究竟原因何在？我想应该是他们并没有意识到，“神”已经将“掷骰子”的机会交到了他们手里，因为人不会选择脑海中本就不存在的选项。

但如果你选择的是自己喜欢做的事，那么你将无数次地体验令人雀跃、激动，甚至是浑身发麻般的成就感，以及想让你大声喊出来般的兴奋！生而为人难道不就是为了体会这种源自“值得”的兴奋与感动吗？这是我所坚信的。将人生中最充实的几十年献给自己的事业，反正都要工作，那为什么不选择“值得”的那条路呢？如果你正是这样想的，那么希望你能敢想敢为！如果你还未选择这条路，那么重新再选一次就好！如果你工作的第一家公司并非你心中所想，那么再选第二家就好！本书就是为此而写的指南。

希望有更多的人能在读过本书之后，去好好感受一下，那个其实一直握在我们手中的“选择之骰”的真实触感。我想让我的孩子们理解的，以及我想传达给大家的，正是这一点。

这个世界是残酷的。但可以确信的是，你仍可以自己做出选择！

这一切都是为了找到那条只属于你的人生之路。

希望这本书能助你一臂之力。

森冈毅
2019 年新春 吉日

目　录

Contents

第 1 章

写给因不知道做什么好而烦恼的你

Chapter One

01

人为什么会出现不知道做什么好的情况呢？因不知道自己应该从事什么样的工作而烦恼的人其实不在少数。甚至在步入社会之后这种烦恼仍会伴随着很多人。

这种不安其实从年少时就存在了，对吧？是不是有时会觉得连思考这件事本身都变得很沉重？自己到底适合做什么，从事什么样的工作能获得成功？这些问题似乎无论到何时都想不明白。看到差不多年纪的棒球选手或是奥运奖牌获得者活跃的身影，都会羡慕他们的天赋异禀，想着他们不用为未来而烦恼，真幸福。

如果像他们一样在天赋上这么“黑白分明”的话，那问题就简单多了。其实大多数人都能够认识到自己有“白”和“黑”的地方，但当整体把握自身拥有的各种要素时，这些黑白又都混在一起，看起来像一团“灰色”。特别是对于那些能力还行的人来说，似乎什么事情只要想都可以做得还不错，但也正因为如此，他们脑海中的这种灰色会越变越深。其实这时应该做的并不是悲观地怀疑自己，一厢情愿地认为自己是个高不成低不就的普通人，而是乐观地去相信自己“什么都能做到”，但遗憾的是，往往心里的不安情绪会占据上风。

有些人觉得等上了大学，随着步入社会时点的临近，那时候自然会找到前进的道路。但真到了那个时候，却又发现完全不是那么回事。等快要面临找工作了，才着急地意识到自己根本没有准备好。这时候你发现身边的人好像很多都工作已经有了着落，于是你更急了。这时候“求职”这两个字对你而言，肯定是看到就头疼，想到就心里难受。当然，依然前路茫茫的你也会意识到这样下去绝对不行，但时间流逝将你裹挟着向前，自不会问你是否愿意，是否已准备万全，你或许只能以这种状态一头撞进求职的战场。

如今的你是否正处于这种状态之中呢？

我的女儿，你其实一直都是爸爸的骄傲。曾经那么小的你如今也即将步入社会，去展开双翼飞向属于你自己的世界了！即将离巢的你面对的是一片广大的世界，东南西北、天高地广，你一定正烦恼着不知该飞向何方，但你认真思索的眼神落在爸爸眼里，又是那么令人欣喜，那么令人放心。现在，你正站在人生的十字路口前，马上就要踏出最初的一步，去掷出手中的那枚“骰子”！

我能为你做的已经不多了，这对于为人父母者而言不得不说是个遗憾，但你生来就是为了飞向属于自己的世界，作为父亲我也会用我的方式尽全力指引你走向幸福的人生。

这或许有点瞎操心的意味，但我还是想将我这些年的“积累”整理记录下来，作为临别赠礼送给你，想必会对你有所帮助。在目前为止二十多年的职业生涯里，我经历了众多的求职及招聘现场，在我的个人见解中，肯定有对你有价值的东西，也有对你不那么适用的内容。所以希望你能基于自己的思考去认真取舍。爸爸完全相信你的智慧，所以才会将我所相信的东西毫无保留地认真写下来。

爸爸绝不是想让你走与我相似的人生道路，只是想告诉你什么才是解决问题、找到答案的正确方式，帮助正在烦恼的你寻到一条又直又宽的人生道路。毕竟你自己的“骰子”只能由你来掷。我之所以写这些，是希望你掷出的“骰子”能得到一个令你满意的选择，仅此所愿。

不知道做什么好的原因何在

人为什么会不知道自己该做什么好呢？有哪些可选项正摆在我们面前？不清楚这些可选项会是迷茫的真正原因吗？换句话说，现在社会上有哪些职业可供选择，如果不一个一个搞清楚的话，那么我们就不知道到底该如何选择了吗？确实，如果一个人不根据自己的情况对哪些职业可选做一个最起码的判断的话，的确难以做最终的决断。但在我看来，大多数人烦恼的根源根本不在于此，我坚信这一点。

假如你能将世界上存在的所有职业都在脑海中过一遍，按自身兴趣排序筛选，甚至假定你有充足的时间可以更深层次地了解它们，那么你就能搞清楚自己究竟想做什么了吗？我想答案是否定的。反之这种烦恼应该会进一步加剧。其实这不光体现在求职或者跳槽上，选择商品抑或是挑选结婚对象也是一样的，选择越多对人来说反而是一种讨厌的负担。这是人脑的结构所决定的，可以说近乎真理，判断带来的负荷成倍增加的话，相应地人的烦恼也会加剧。

也就是说，烦恼的本质并不在于你不清楚有哪些选项可选，也不在于你还不够了解这个世界，问题的本质在于你对自身认知得不够。如果能意识到这一点，那么解决问题的大门应该会为你敞开一点了。问题的症结在内而不在外，之所以不知道自己做什么好，是因为自身缺少一根“轴”，而之所以没有这根“轴”，又是因为你直到要找工作了都还没有努力做到充分了解自己。

如果少了这根作为基准的“轴”，你真正想做的事自然无法浮现，也无从选择。没有这样一套评分基准，如何提升自己的表现以及评判当前状态的好坏同样是无从谈起。如若摆在你面前的是苹果和橘子，那么根据实际需求做出选择是很容易的一件事。但当选择的对象变为会对人生产生巨大影响的职业时，情况就变得完全不一样了。面临重大抉择时人若是缺少了“轴”，会是一件十分痛苦的事。

关于我所说的“轴”，我想这里有必要再说明一下，会更容易理解一些。我也会举一些简单的例子。对某些人来说，“轴”可能是“在家乡过安定的生活”；对另一些人来说，“轴”也许是“轻松地习得想要的技能”。会有“追求尽可能高的年收入”的人，也会有因为喜欢汽车所以“无论如何都要进入汽车行业”的人，这些人对某一类商品或行业有着强烈的执念，这就成为他们的“轴”。此外，还有“想找适合女性工作的企业”“进入有发展前景的公司”“选择对自己评价最高的企业”等千差万别的定义。

实际上一个人所看重的“轴”并不会单纯地只有一个，反而由于有多个“轴”的存在，形成不同的组合，呈现出多样化的结果。就拿我大学快毕业找工作时的经验来说，我给自己定义的两个“轴”是：①掌握经营必需的技能；②尽可能地快速成长（由于当时并没有特别执着于某一行业，所以最后非常纠结于在某银行、某商社及宝洁中选择哪一家）。每个人看重的东西因人而异，所以对“轴”的定义自然也是各不相同。

正因为如此，我接下来要写的内容就是归纳总结一些有用的观点，去帮助你思考并形成自己的“轴”。结合我自己的职业生涯，我认为应该考虑的点（形成“轴”的要素）有很多。我所写的都是我自身成功或失败的经历，也有关于我身边一些人的见闻，更有许多事后才追悔莫及的切身教训。当然，即使我将这些经验教训告诉了你，最为关键的还是得你自己去思考究竟什么对你来说才是最重要的，并在不同情况下认真制定不同的优先顺序。这是你自己的世界，因而能做到这一点的只有你自己。

说一千道一万，你只能凭借当下的价值观来决定你的“轴”。在不远的将来，随着愈加丰富的经历，你的价值观和“轴”也可能会发生变化。不，应该说一定会发生变化，当然这也没什么不好。如果价值观发生了变化，那么就匹配你当下最适合的“轴”来更新你的职业生涯规划就好。事实上，很少有人会仅以一种价值观和一根“轴”一成不变地贯穿整个职业生涯。随着自身经验的积累和人生阶段的递进，那些对我们最重要的东西是会发生变化的，所以完全没有必要去害怕未来自己的“轴”会改变这件事。

那如若即使静下心来倾听自己内心的声音，但仍然找不到那根“轴”的话，又该怎么办呢？在这种情况下只能说做任何选择都是对的。如果那根支撑选择的“轴”真的不存在的话，那么无论选择什么都是你的自由，也都可以说是正确答案。因此，在这种情况下请停止无谓的烦恼，用“抽签”的方式决定就好！这并不意味着放弃治疗，而是真的就该这样做。没有轴的前提下所有的选项都是正确答案，所以完全没有必要为此烦恼。

“抽签”，实际上是我在求职的时候我的恩师对我说过的话。那时候我已经拿到了某银行、某商社及宝洁的录用通知，到底选择哪一家让我纠结了很久。于是我就给学生时代曾关照过我的田村正纪教授打电话，想征求他的意见。当时田村老师给我的回答就是“你抽签决定吧”。当时我不禁有些腹诽老师的敷衍，但转而我又回忆起老师曾指出过我的“轴”还不明确这个问题，这使我一下又回过神来。随后，我将具体的公司名从脑海中抹除，只是单纯地思考我究竟应该关注的是什么样的“轴”。结果，我发现自己最看重的还是“成长的速度（年轻时能让我经历事物的质与量)”，最终，我选择了加入宝洁。

从本质上来说，你该烦恼的不是在哪里工作，最优先考虑并且到最后都要集中精力去弄明白的，是对于你的职业生涯来说，什么才是应该被重视的那根“轴”。这个“轴”越是明确，那么你想要磨炼什么样的技能、投身于什么行业及企业等这些选项都会自动被筛选出来。最后的选择，就是在你拿到offer（聘用书）的这些选项中，找到与“轴”最匹配的那一个。人的时间及精力终究有限，不可能在求职过程中把所有行业及企业都转个遍，也会有不相上下的两家公司把面试设定在相同时间的情况。先把“轴”明确下来，这是能让你在求职战场上占据有利地位的最重要的战略，没有之一。

“因为缺乏经验所以思考无用”是谬论!

人对自己的认知程度被称为自我意识。我认为目前日本最大的课题之一，就是必须培养更多具有较强自我意识的孩子。从进入小学到大学毕业的 16 年间，“我是什么样的人”“有怎样的特征”“什么时候会感到幸福”“想从事什么职业”“想拥有怎样的人生”，似乎我们从来都没有鼓励孩子去主动思考过这些问题。在高中文理分科时也是同样如此，基本跳过了与自己内心对话的过程，单凭数学能力的强弱就已经半自动地帮你决定好了。能上什么大学，就读什么专业，也基本由考试分数及偏差值[一]决定，同时还有关于学校及专业好坏的客观社会评价可供参考，所以也不需要怎么费神思考，只要被动式地去决定就万事大吉了。但这种成长轨迹也造成了很多人在自我意识层面不够成熟，且在“轴”缺失的状态下，就浑浑噩噩地踏入了求职的战场。

很多对孩子采取这种培养方式的家长们的逻辑是：“对于社会还什么都不了解，也没有工作经历，即使去思考自己的长处及‘轴’是什么也得不出答案，这种事没必要花费精力去想。只要能进入那种能大量积累经验的公司工作的话，这些问题自然会慢慢得到解答。”在我看来这种家长是愚蠢且不负责任的。他们并不知道那些自我意识低下的年轻人们所面临的烦恼是什么。甚而言之，他们恐怕连“知道”这件事的本质都没有搞清楚。“因为缺乏经验所以思考无用”完全就是一个谬

[一] 日本人对于学生智力、学习能力的一项计算公式值。偏差值反映学生个体在所有考生中的水准顺位。——译者注

论。反过来说，正是因为缺乏思考，所以才阻碍了你迈出积累经验的关键一步。

所谓“知道”，也就是知道何为不知道的意思。也就是说，自己心里要有一个明确的界限，将那些思考后能弄明白的，和怎么想都没有头绪的问题区分开来，并让自己能心安理得地接受这一结果。动脑子认真思考的话，就可以知道自己不了解的领域在哪儿，也能对自己不了解的程度有一个把握（有实际的触感）；为了让自己能够变得了解，有哪些路径可以实现？当你思考这个问题时，脑海里其实已经开始了初步规划（可以进行想象）。当你想用自己的方式去得到某些东西，并为之付诸行动时，即使有些问题想不明白、无法解决，但至少你仍可以用最积极的心态和最好的准备去面对它（让自己能够接受）。有什么东西想不明白的话，就应该积极地思考和行动，最后再告诉自己“能做的（应该）都已经做了”。这有利于维系内心的平和。

也就是说，你的不安其实来源于内心深处一直以来对“不知道”放任不管而产生的心虚。这种心虚就像一个无限扩张的黑暗深渊，对于那些站在悬崖边的人来说，即使你告诉他“没关系，先跳进去看看再说”，他本人也肯定不会觉得“没关系”。但如果你能好好地用自己的双眼去观察这片黑暗，你肯定能发现一些可以下脚的落脚点及一些还存在光亮的区域。如果你能够这样想的话，说不定就会发现与烦恼同居的你，第一次找到了内心的安宁。如果你能够按自己的方式去解读烦恼本来的面貌的话，即使烦恼本身不会消失，你也能渐渐习惯烦恼带来的压力。无论选择哪条道路，总会有需要你做出最终抉择的时刻，不提前思考、进行准备，必然无半点好处。

自我意识的觉醒从没有过早或过迟一说，问题在于日本人根本就没养成这个习惯。原本从孩子时起就应该频繁地思考这一问题，但就是由于相信了“因为缺乏经验所以思考无用”这种谬论，给自己一个借口不去烦恼、不去努力，以至于这种放任自流最终变成了一种“报应”，这也就是你面临求职时感到痛苦的原因所在。如果你能认识到这一点，那么你就该明白如果再不主动思考、找寻出路，那么这种“报应”将会变得越发严重。无论你是多大年纪，只要你想获得幸福的人生，那么提升自我意识就是一门必修课，希望你能早日明白这一点。

你的法宝是什么

现在我们暂时抛开“轴”的话题，也不再去与他人比较，让我们回过头来好好看看自己，听一听内心的声音。其实简单想一想你就会发现，人真的很容易被拿来进行比较，比家境、比学校、比公司等比个不停。悲剧的是，最喜欢去比较的那个人其实是我们自己。处处都要与人相比者，久而久之就会比较上瘾，让优越感和自卑感在不自觉间成为支撑生活的动力，且自己还并不觉得有什么不妥。其结果就是，盲目的比较遮蔽了你的双眼，让你无法看到自己本就拥有的法宝。

其实你活到现在已经活了二十多年，应该意识到自己目前为止的人生是非常成功的。首先让我们来思考一下你成功的前提。我并未开玩笑，我是在很认真地分析这件事。虽然老拿数字说事容易惹人厌烦，但我还是想告诉你，在日本，闯过出生这道鬼门关然后成功地活到 22 岁的概率为 99%，也就是说 100 个人中有一个已经不幸离世了。进而像你这样接受了大学教育然后有机会“享受”求职带来烦恼的人，其实在你的同龄人中还不到一半，只有 47%。你能出生在日本已经算是很受上天眷顾了，要知道世界上其他很多国家平均的存活率及受教育率要比日本低得多。因此，毫无疑问，能挣扎着活到今天就证明你是个运气与才能兼备的成功者。

首先让我们来做一次深呼吸，让自己放松下来。有些东西只有在肯定当下的自己的基础上你才能感知得到，现在让我们来好好思考一下。成功必然来源于一个人的强项而绝非弱点，所以能够孕育出成功的强项就是你的“法宝”。那么，支撑你这二十多年来成功人生的“法宝”到底是什么呢？

每个人都拥有“法宝”。但自己的法宝却无法拿来与别人比较。当你肯定现在的自己时，造就今天的你的内在相对特质（强项），就是对法宝的定义。所有的特质都能成为法宝，甚至完全没有特质也是一种极为珍稀的特质。也就是说，这个世界上不存在没有特点的人。比如说某个人能“很快跟别人建立良好的关系”，那么这种特质就是他的法宝；再比如有的人能“脚踏实地一点一滴不断努力”，这当然也是一种可贵的法宝。

同一个特质，能成为你的“法宝”，也能变为你的弱点，起决定性作用的是环境和场合。例如那些“不懂得察言观色”的人，在某些情况下也能被解读为“不被环境左右，坚持自己的主张”，这样原本的弱点又变成了法宝。我们不妨先去肯定自己的一切，在自己“凹凸不平”的性格特征中去寻找“凸出”的那一部分，这一点很重要。甚至胆小怕事者、精神病患者的特质，都能在某些特定的条件下变为“法宝”。相反，那些“凸出”的部分在某些情况下也有可能会“凹”下去，这一点一定要注意。例如“喜欢说话”这个特点，对于更需要倾听他人烦恼的心理医生来说就是不利且起反作用的。也就是说，所谓的职业生涯战略，就是要求你去思考为了达成自己的人生目标，应该怎样正确地认知我们所拥有的“特质”，并找到那个能将这一特质变为强项的环境，让自己置身其中。

那么，你的法宝又是什么呢？这二十多年来，爸爸一直看着你长大，在爸爸看来（除爸爸以外也会有很了解你的人，不要害羞，可以邀请他们一起来寻找你的法宝），你的特质是“善于思考”。你成长到今天靠的是一点一滴踏实地努力吗？爸爸并不这么认为。相反，你总是习惯于用最小的努力去获得尽可能大的成果。在这背后散发着光芒的本质就是你的法宝。

不管是高中还是大学，在你的周围肯定有很多跟你一样，或是在你看来比你更加“善于思考”的人，这就会让你无法敏锐地感知到自己的这件法宝。但“寻宝”的规则就是，不要与外界的事物去比较，而是要比较自身内部的那些“凸凹”。当你试着去寻找那些木秀于林的“凸起”时，若发现的还是“善于思考”这件事，那么它就是那件属于你的珍贵法宝。

这里我想让你认真思考的是，在人的一生时间有限的前提下，还有没有比磨炼你的法宝更重要的事了？为什么要问这个问题，是因为如果你想凭借自身的特质在幸福的人生道路上一往无前的话，那就必须把磨炼自己的法宝排在最优先的位置上。法宝如果能得到正确的打磨就能变为“武器”。但事实上，愿意去磨炼自己法宝的人只占极少数，而绝大多数人都对自己的法宝是什么毫不自觉。如果你连自己的法宝是什么都不知道，那充分利用和进一步打磨就更无从谈起了。有没有这份“自觉”，是决定漫长职业生涯成就天差地别的关键因素。能正确地认知自身法宝并不断磨炼的人在日积月累之下，其职业生涯的成功概率将不断提高。

那么，我们磨炼法宝的意义又在哪里呢？我之前说过，自身的内在特质并不能够拿来和别人进行比较，但在社会层面，最终对我们进行评价的永远是第三者，我们面对的是一个有着严肃的相对评价体系的世界。你的社会评价（公司内、业界、社会对你的评价）会决定你能站上什么样的舞台以及获得怎样的经济回报，这是社会中谁都无法逃离的规则。在这样的社会环境中，具有相同强项的人会不可避免地被拿来进行比较，而你也只能选择比别人更优秀。想要突出重围，只有拼命地磨炼你的法宝这一条路。

SMAP[㊀]有首脍炙人口的名曲，叫作《世界上唯一的花》，我觉得这首歌的歌词只有一半是对的。确实，我们都是“原本就很特别的唯一（Only One）”。但是在职业生涯的层面去思考的话，你会发现“另一半”非常重要的真相在歌词中并没有告诉你。歌词中写道：“花店的门前摆放着形形色色盛开着的花朵。”但你要知道，这些映入你眼帘的漂亮花朵，都是在与同类竞争中脱颖而出的“明星”，在你没看到的地方，它们的同类或被当成残次品，或未被修剪成商品进行出售，最终只能被丢掉处理，这就是残酷的现实。请不要忘了，唯一只有在某些特定的环境中才有可能成为 No. 1。其实人和花一样，都必须在相对的竞争中以某种方式幸存下来，否则不管作为商品也好，劳动力也好，都不会有人买账。

在自己选择的环境中不以 No. 1 为目标去奋力拼搏，仗着自己是“原本就很特别的唯一”就能生存下去的人并不存在。每个人都在拼命磨炼着自己的法宝，只为不断接近自己的目

㊀ 日本国民偶像团体，隶属于日本杰尼斯事务所，由木村拓哉等五位成员组成。——译者注

标。在这样的竞争中，谁都无法避免、频繁地遭遇各种各样的失败与挫折，但即使失败了也没关系，只要能在长远的竞争中赢得胜利就行了。

最后，我还想说点看似自相矛盾的内容。当你不断磨炼你的法宝，在竞争中全力以赴但却碰壁时，你一定会发觉，其实你一直与之竞争的，不是别人，而是你内在的本能（寻求轻松、安心、安全环境的心理）。当你经历过很多后，终有一天你会明白，你所珍视的“轴”与“法宝”其实比竞争本身要重要得多，我相信这一天一定会到来。

别和公司“结婚”，和专业“结婚”！

简单来说，我强烈建议你的职业生涯不要建立在对公司的依存上，而是依靠自己的技能（专业）。就字面来说也有这层意思，从来说的都是找“工作”而不是找“公司”。对于个人来说，公司也只是掌握职业技能的平台。所以，我们必须要做的就是匹配自身的“法宝”，想清楚自己要成为哪一方面的专业人士、掌握怎样的职业技能。职业相对于公司来说更重要的原因主要有两个。

第一，无论你多么喜欢你所在的公司，想与之“结婚”，事实上你的公司对你依然会“无动于衷”。你个人“愿望清单”（想要实现的个人意图）的实现与否与公司之间在本质上是没有利害关系的。所以，你的这种情感恐怕永远只能是单相思。但对公司来说，适时裁员、破产倒闭、因被收购而导致公司文化完全变了一个样等，现在这些都已是司空见惯的事了。可能目前看上去还比较稳定，但无论是什么样的公司，10 年、20 年后的事谁又能说得清呢？不管公司发生什么样的变化，你都要思考如何才能保证自己自由的生活不受影响。

第二，只有技能（职业）才是一个人相对来说最保值的财产。住宅失火、金钱被盗，甚至你的配偶都有可能跟你离婚或遭遇事故、因病离世，这些珍贵的事物随时有可能因为各种各样的原因离你而去，但只有你大脑中积蓄的“能力”，只要你还有一副相对健康的体魄，就会和你永远坚守在一起，并且会为你不断地生产支撑你生活的食粮。而自学生时代起不断培养的修养和知识，就是你今后塑造职业技能专业性的地基。这些你所掌握的能力正是你最珍贵的财富。当然，职业也不是永恒不变的，如果你能做到顺应时代的变迁不断更新，那么这种能力就会成为可持续、具备高可靠性的“武器”。

当下，有一部分人存在这样一种担心：在人工智能（AI）日益流行的今天，很多技能将逐渐蒙尘并最终被束之高阁，在这样的情况下与职业“结婚”的论调真的能相信吗？针对这些质疑，我不禁想问，那除此之外还有更靠得住的“结婚人选”吗？随着 AI 的兴起，可能确实会面临选择掌握什么样的技能的问题，但是这和否定掌握技能的意义完全是两码事。因为在 AI 时代，“磨炼技能”将变得越发重要。正是这些本身没什么能力，整天浑浑噩噩过日子的半吊子“划水族”的存在，为 AI 的大行其道腾出了空间。

越是能力低下的人越会对 AI 产生恐惧心理。前些日子，有一位市场营销行业的从业者一脸认真地跟我说：“现在就连干我们这一行的都有可能被 AI 取代，真可怕。”但要让我这个经常使用人工智能来进行市场营销研究的人来说的话，那些担心会被 AI 抢了饭碗的市场营销从业者在当下，恐怕也只是一些不入流的角色。

AI 只是一个带有学习功能的计算器，你只需这样看待它就好。AI 所擅长的是在某一既定目标下，在有一定前期积累及输入的基础上自行进行信息的收集及计算，并给出一个不带任何主观偏向性的结果。就市场营销领域而言，现在收集数据及分析市场动向这种 C 级、B 级的工作已经可以交给 AI 来完成了。比如从媒体数据中抽取目标相关数据，并计算标准偏差值，自动生成时下热点变化报告这种工作，现在可能更适合交给 AI 而不是人来处理。如果拿做饭来比喻的话，AI 抢过去的其实是打下手的活儿。当然削土豆皮、洗盘子这种工作也很重要，但当处理这类工作时，AI 相较于人的优势就在于快速、绝对正确且不会有任何抱怨。

然而 A 级的分析工作是现在的 AI 无法胜任的。AI 在没有独立意志的前提下自然也没有“好”和“坏”的概念，也不存在丝毫的偏向性。也就是说，AI 对于“建立假设”这件事无能为力。但当我需要验证我所建立的假设时，我就可以让AI来给我打下手。AI能做的不是创造未来，而只是沿着过去的延长线前行。进而言之，AI最不擅长的其实是满足人类情感上“走心”的需求。如果让我们去看一出AI出演的剧目，我想我们是很难被感动的。制定突破性的战略、创造极致的客户体验，诸如此类需要“真正专业的市场营销人士操刀的工作”，只有那些具有相当技能及积累的行家能做得到。创造性的智慧、人机交互、复杂的社会性判断等，在这些领域中AI还无法大展拳脚，因而对人的技能的需求还是普遍存在的。其实不只是在市场营销领域，经营性判断、销售技能、人事技能、财会技能、谈判技能、企划技能、管理技能等，基本上商业所涉及的各个领域仍然是以人为尊。但是，“打下手”的工作则很有可能让AI后来者居上，当然这也是我个人基于当下的预测，至于20年后又是什么样子，就只能靠你自己去验证了。

AI越是流行，对“技能”的磨炼就越发重要，我们正处于这样一个时代。如果我们掌握的只是一些半吊子的技能，那么就面临着被AI抢夺饭碗的风险，就如同自动化的机器人取代单纯的人工劳动一样。其本质就是AI取代的是用不着“使用大脑去创造”的工作。当你们这代年轻人成为社会的中流砥柱时，现在的“白领阶层”有没有可能被机器人取代呢？如果你也能认识到有这种可能的话，那你就应该从现在开始准备应对了。

如果仔细观察一下现在的日本社会，你就会发现在这样一个大变革的时代背景下，仍有很多人没了公司光环的笼罩就无法正常工作，还有很多人因为不具备脱离公司也能立足的技能，只能在公司里被呼来喝去。当然这些人追求的是稳定，所以不会主动选择换工作，但结果却是他们所背负的风险每一天都在增加。但这一真相又有多少人能注意到呢？日积月累之下被公司淘汰的概率只会越来越大。他们自己也会逐渐意识到如果没有公司或自己所在组织的保护，根本无法生存下去（但其实并不是你想的那样，那些被裁者中的绝大多数依然很好地生活着，所以也没有必要钻牛角尖）。

如果公司能一直存续发展下去，自己的职位始终有保障，且到退休为止待遇也还不错的话，那么对于他们来说也是一个不错的结果，甚至可以说是成功地逃避了被淘汰的命运。就算这种逃离实现了，但是你能从这种人生中感受到丝毫的魅力吗？在公司里觉得没有自己的容身之处，每天干的都是没有意义的工作，工作上要照顾上下左右的关系，想说的不敢说，被不近人情的上司命令，被复杂的人际关系折磨到精疲力竭，但为了生活还得选择忍耐，我只想说这样的人生不值得。但现实是有的人觉得这也不是什么大事，而对于我这种性格的人来说却是极其痛苦的，那么你呢？

而掌握技能，将意味着你选择了一条与之相反的人生道路。如果你能充分掌握某一领域的专业性技能，那主导权就会被你牢牢地握在手中，你会去选择心仪的公司作为大展拳脚的舞台，而不是被动地接受挑选。同时，换工作的目的有时候也不都是进一步提升技能或更高的薪水。比如当配偶工作调动你也要跟着过去时，抑或因为休产假和育儿假想要主动调节工作负荷时，拥有技能会让你的选择更加游刃有余。

当然，有些人或许会认为和公司"结婚"的结果不也能掌握一些技能吗？但这与以磨炼某种技能为目标的职业生涯规划方式相比较，无论是在习得技能所花费的时间上，还是水平上，都将会是天壤之别。再者说，人的时间、精力、体力都有限，如果你只是做那些公司叫你去干的活，精力被无限分散，然后这样度过 5 年、10 年，你真的能成为某一领域的专家吗？到时候你经常挂在嘴上的可能会是"我在某某公司工作"，但估计不会是"我能胜任某项工作"。

代换到 AI 时代，或许这个问题将变得更加深刻。到那时公司会变成一个更不靠谱的"结婚对象"，因为公司里会只剩下那些掌握不可代替技能的员工。无疑，这样的时代是更加残酷的。当然，这个变革的时间点会根据行业及企业特点的不同发生变化，但 AI 大潮席卷而来的汹涌之势对于你们这一代来说，肯定是避无可避的。为什么我能这么肯定？因为对于资本家来说，选择更廉价优质的劳动力几乎可以说是本能。在这种情况下，社会将愈发趋于两极分化，那么职业之间的巨大鸿沟又是由什么来决定的呢？在这样的时代背景下，答案也将变得更加清晰明了，只能是"技能"。

没关系，错误答案以外都是正确答案！

在这一章的结尾，我还有一些话想再唠叨唠叨。而我即将要跟你说的，无论对于求职还是跳槽来说，都完全适用，那就是我想让你意识到，职业生涯的正确答案其实有很多个，在职业选择上是这样，在选择就职公司上更是这样。甚至与其说正确答案许许多多，不如说基本上都是正确答案，应该极力避免的只是极少数的错误答案而已，除此之外都可以“打钩”。就算一开始选择就职的公司不尽如人意，那再选下一家就好了，所以完全没必要紧张，先放松下来。

我想大家可能都有过这样的经历或心路历程，你会觉得找工作仿佛就是在追寻一个藏在某处的唯一正确答案，如果最终没能找到的话，那么人生就会被贴上失败的标签，这种不安和焦虑并不令人陌生。你一定幻想过会有一家“命中注定的公司”就在那里等着你，那里有适合你的职位，还有欣赏你的上司与同事。但很遗憾，真正步入社会、进入职场之后你会醒悟，这世上从来就没有这种好事。

不管你能否认知到，其实你已经具备了某些特质，而能让你活用并发挥这些特质的环境亦是数不胜数。比如说小 A 的特点是很有韧性，即便是在逆境之中，他也能不断地向困难发起挑战。那么，我们可以试想一下，会不会存在一种职业或某一职场，反而会让小 A“韧性强”的特质变成一种劣势？我想你应该很难想出一个答案。再比如说小 B，他很擅长思考，只要他能够避开那些“靠直觉取胜”或者“不宜过多思考”的特殊情况，那么“善于思考”这一特质无论在哪儿都是十分有力的武器。所以你需要做的就是去寻找和分辨什么样的职业、什么样的公司能让你更好地发挥这一宝贵“武器”的威力。再拿小 B 来说，适合他的肯定不是那种习惯于盲目听从上级或是谁声音大谁就说了算的公司，而是不问年龄、性别，倡导讨论“什么是正确的”而非“谁是正确的”价值观的公司。

那么，错误答案指的又是什么呢？所谓的错误答案就是，选择从事一份根本就不适合你的工作。那么“根本不适合你的工作”又究竟是什么样的工作呢？就是那些会让你的特质起“反作用”且让你“丝毫提不起兴趣”的工作，而这两个关键因素往往都以连锁反应的方式呈现。那些让你的特质起“反作用”的工作，其实指的就是那些会令你的特质变为弱点，又或是强项迟迟得不到发挥的环境。强项得不到发挥的话，工作成果就会变得极为有限，相应的工作带来的成就感就无从谈起，他人对你的评价也必然不高。久而久之你对工作的热情也将燃烧殆尽，这就是所谓的连锁反应。

说到这里你可能会不禁想问，人为什么会偏偏选择了那些为数不多的错误答案呢？按道理来说，如果事先知道自己根本不适合某一份工作或公司的话，普通人一开始就不会去选择应聘。也就是说，最典型的情况是，大多数人都是先尝试干了之后才发现自己根本不适合。陷入这种不幸选择之中的人一定会因为这种入职前后的巨大落差而感到沮丧。脑海中挥之不去的是“没想到会是这样的公司”的悔恨。但当你仔细去分析问题的真相，你会发现问题并不是出在那些令人“幻想破灭的公司”身上，而在于当事人本身。

在我看来，人会选择错误答案多半是因为对自己的分析不够充分。当然也有可能是你对应聘企业的调查研究不够，甚至是不诚信的企业编造虚假就业信息骗取学生上门，还有可能是进入公司后强行将你分配至不适合你的岗位。这些情况或许在社会上多少都会发生，但在绝大多数情况下，都是在明明察觉到当前的选择其实并不匹配自己的特质，但还是抱着“不试试看怎么知道”的心理做出了错误的选择。其实只要能够认真地做好自我分析的话，就能回避掉一大半的错误答案了，如果再将什么是真正适合自己的公司研究清楚的话，那么你就能过滤掉基本上所有的错误答案了。

如果你能做到充分的自我分析并明确自身的“轴”，那么你就能在面试的过程中自然地将自己是否适合这份工作清晰地传达给对方公司。而你所应聘的公司既然在招聘工作上投入了经费，通常也不会违背人岗匹配这一大的原则去故意招一个不适合自己公司的人。那么唯一会出现“变数”的情况就是，你没能让对方公司正确认知到你的特质以及究竟是否适合该公司的某一岗位。只要你不是为了拿到 offer 故意演戏，那么原因就只能是对自己的分析不足。

说到为了拿到 offer 将自己扮演成另外一个人，这往往就是不幸的开始。如果是基于自身的实际情况而将自己的特质进行一定程度的夸大，这一点其实无可厚非，但故意将自己塑造成“别人”，这对于求职的双方来说都是灾难性的。如果你是演技精湛的著名女演员，那么还有可能蒙混过关，否则面试时坐在你对面的人一定会察觉到一丝违和感（笑）。这样一来你拿到 offer 的概率反而降低了。但如果真的被你拿到了 offer，那么问题就严重了。反过来说，对于被你拙劣演技所欺骗的公司，你又会做何感想呢？通过这种投机取巧的方式蒙混过关，你必将在不远的将来露出马脚。这就好比在一个只要避开为数不多几个错误答案就能顺利通关的游戏中，特意通过扮演“别人”的方式一头撞上了错误答案。

但现实中，就是有这样极度缺乏自信的人，想要凭借说谎或是演戏等手段先骗取一个 offer 以求心安。退一步说，如果真的有人不通过这种非正常手段就找不到工作的话，那么这就已经不是面试技巧层面的问题了，而是应该反省直到面试之前这二十多年的人生是怎样度过的。这显然不是在短期之内能够解决的问题，而且如果病急乱投医的话，反而会使情况变得更加糟糕。如果真的依靠自己的强项连哪怕一个 offer 都拿不到的话，也还是应该去拼命寻找那些能让自己对社会有贡献的工作，然后以此为起点磨炼自己的长处，让人生重新出发。这也不失为一种合理的人尽其才，也远比选择一个错误答案要好得多。在日本少子高龄化的大背景下，用工短缺问题日益突出，必须通过引进外国劳动力来维持经济运转，所以年轻一代为社会做贡献的路径比比皆是。

找工作的过程看上去是公司在挑选你，但事实上也是你挑选公司的过程。当然雇佣方在立场上更加强势，使得前者的色彩更加浓烈，但从本质上来说，求职双方的关系应该是对等且公平的。如果你能带着骄傲，用堂堂正正的方式去迎接每一次挑战，那么从长远来看你人生成功的概率就会得到最大化。如果你最看中的不是别人对你的评价抑或是收入待遇，那么就请不要被这些东西蒙蔽了双眼，因为只要你切实迈出走向成功的每一步，这些事物自然会紧随其后、接踵而来，而且后面再去争取也有的是方法。这一切的关键就是去活用自身的特质！能够实现这一点的职业和职场真的有很多。

归根结底，千万不要盲目地追求唯一的完美答案、上上签！只要不抽到下下签或者下签就行。能让你发挥所长的环境有很多且都足以让你大展拳脚，也就是说只要抽到一个还说得过去的签，就能够满足你的需求。无论你瞄准的是一家多么好的公司，其实谁都没法保证公司的未来及你个人的道路必定就是一支“上上签”。进入职场只不过是一个开始，无论你进入多么好、多么厉害的公司，自身的弱点多少都会被暴露，也都会经历失败，在你的身边会有竞争对手，也必然会有令你讨厌的家伙。那么在这样的环境中，你能在失败和跌倒后爬起来，做到越挫越勇，专注于打磨自己的法宝吗？这种决心和毅力将会是你成功的关键。决定能否抽到人生上上签的不是公司的好坏，而是进入职场后你自己的努力。

第 2 章

那些在学校里学不到的有关这个世界的秘密

Chapter Two

02

在你即将步入社会之际，爸爸还有些观点想要与你分享。这都是一些无法在学校里学到的，但又让我后悔没能早点知晓的关于这个世界本质的思考。

当然，学校教育是建立在整个社会系统的庞杂诉求之上的，会匹配不同时期政府的意志，尽可能地调整着力点，用一个标准化的模式将“世界”印在还是一张白纸的孩子们脑中。对于体验过美国教育和日本教育的你来说，应该理解这种意志上的不同。

爸爸想要传达给你的主要观点有5点。优先选取的都是一些在你即将踏入社会这样一个关键时间点上，应该早日知晓且很有意义的内容。

在进入正题之前，爸爸还是要事先声明，接下来要说的这些内容，只不过是基于我过往的人生经历在当下我认为是正确的一家之言。虽然我想传递给你的这些人生经验都能找到一定的根据和来源，但其本身并没有被拿出来和他人探讨过，也没有客观的验证能担保它一定就是正确的。你也可以把它当作我个人对这个世界的思考。

所以基于以上前提，希望你不要将爸爸的个人观点当作金科玉律来束缚住自己的思维。因为世上没有两片完全相同的树叶，世界也在日新月异中不断变化，而在属于你们的时代，这种变化的速度只会越来越快。

我非常好奇，当你真正步入社会去经历一切时，会怎样看待这个世界，这真是一件令人期待的事。即使是亲子，从本质上来说也是两个相互独立的个体，也会有不同的世界观，我希望你能无所顾忌地去更新我的见解并形成你自己的版本，甚至我更欢迎用你自己的观点和论据来否定我的。

人生而不等

“人和人没有什么不同，生而平等。”这恐怕是我们从小学开始就一直被灌输的道理。但是在我经历了这么多世间的真相后，我发现事实却正好相反。在我看来，其实人“生而不同又极不平等”。

如果这时候你要跟我聊人权精神，我觉得也没什么问题，但你必须要承认，人权精神中最底层的基础应该是“人人不同”，这是一个不可动摇的事实。如果人和人真的是平等的话，那么所谓的基本人权还有必要特意拿出来大书特书吗？真相是，正因为人从生下来就极为不平等，所以从近现代之始，作为人类智慧的产物，“让每个人都能更加‘公平’地获得最低限度的机会”这一基本人权的概念被提出，也成功地实现了社会体系的平稳运行。

其实只要我们仔细想一想就会发现，我们每个人都生而不同。个子有高矮，体态有胖瘦，颜值有高低，肤色不同，发质也大不一样。如果外貌的差异不足以说明问题的话，那么拿个体在运动天赋上的差异举例或许会更容易理解。与生俱来的运动天赋来自于遗传基因中蕴含的某项运动能力，如果没有它，无论再怎么努力都无法成为最一流的职业运动员。再比如癌症、糖尿病这种特定的疾病，有人易患病而有些人则相反，这种差异同样来源于遗传基因的不同。当然还不仅如此，那些带着先天缺陷降生到这个世上的人也同样存在。

这与当事人的个人意愿完全无关，但这种差别从出生那一刻起就已经被决定了，人和人既不相同也不平等。正是每个个体的差异构成了这个极为不平等的世界，我想我们首先得正视这一点。

从某种程度上来说，相对于身体能力的差异，人在智力上的不同才是拉开人与人之间差距的最重要因素。我所从事的工作需要与大量的统计数据打交道，而我从这些定量的数据中发现了数个关于这个世界的残酷真相。当然，关于怎么去量化人的智慧以及是否应该拿来做比较还存在许多议论，但影响人与人在职业生涯收入等经济层面成就高低的，无疑是在智力上的差距。同时这也是人之所以为人并区别于其他动物的最重要因素。

人类有灵活的双臂但仍然无法飞翔，有强健的双腿但仍然比不上马的脚程。但是人类凭借智力创造出了飞机和汽车，智力的存在让人类拥有了近乎无限的可能性。所以智力上的差距所产生的影响是巨大的。

有一组经常被引用的调查数据，说的是东京大学学生父母的平均收入远高于平均水平。这一现象也经常被作为贫富差距会超越代际产生连锁反应并不断扩大的一个论据。我个人也并非出生于富裕家庭，所以从情感上很能理解大众看到这项调查时的感受。出生在富裕家庭意味着可以享受更多的教育资源，这对于智力的培养是非常有利的，也相较于普通人有更大概率进入东京大学，这就是一种不公平的体现。

面对这种社会现象，那些表面上忧心民间疾苦的公知们会说："必须面向贫困家庭开展广泛的经济支援并给予充分的福利关怀，否则经济上的差距会变为教育上的差距，代际间的贫富差距将产生的连锁反应进一步拉大！"诚然，原生家庭在经济上的差距对于孩子们来说是极不公平的，也是加速代际间贫富差距扩大的重要因素。但是，还有更加不公平且残酷的问题，那就是与经济层面的差异相比，人在天生智力上的差距的影响可谓不可同日而语，且这份差距几乎无法弥补。

东京大学学生父母收入高的本质，是其智力高。智力高者在社会上获得成功，然后与同样高智力的对象结婚，两者所组成的家庭当然比普通家庭收入高。出生在这样家庭的孩子的智力高于普通水平的概率当然也会较高。当然高收入家庭在后天教育环境上的优势对孩子来说也是一大助力，但究其根本这只是次要的，如果一个孩子天生智力水平不高，就算聘请最好的家庭教师，也不可能考上东京大学，我想这是谁都能理解的事实。反过来说，如果一个孩子天生就很聪明的话，在这个奖学金名目众多的社会，通过努力考上日本国立大学并且顺利毕业并不是一件难事，而且现实中这样的例子比比皆是。经济上的差距并不是本质原因，它只不过是智力差距带来的结果。

在此基础上再加上其他一些先天差别，以及一些后天环境因素，会使得这种差距进一步拉大。比如说有的孩子在初高中连读的高升学率学校读书，同时也有的孩子家里连学校的伙食费都交不起，有的孩子没有父母，甚至有的孩子正在遭受父母的虐待。与此相对照，有的孩子可以靠着父母的光环轻易地在演艺圈出道，也有的孩子可以靠着父母的资产不工作也能过得很逍遥。这恐怕跟平等沾不上一点关系，这个世界就是这样残酷。每个人在站上起跑线上的那一刻起就已经产生了差距，而且这种差距并不以个人意志为转移。

这些话或许听起来太过残酷露骨，但对我来说却恰恰相反。这些现实反而会让我兴奋不已。我这种“离经叛道”的言论想必会招来一定的非议，但这就是我对这个世界的真实认知，且这样的现实真的让我感到无比兴奋。

我会这么说当然有我的理由。先天的特质、后天的环境，这些元素通过组合使得每一个个体都是极为特别的存在，也就是说，只要我们每一个人都能够充分认知自身的“独特性”，那么就能创造出相应的独特价值。换而言之，正因为人与人的不同才使得每一个人都是有趣的个体，才使得每一个人都有自己独特的价值。前文中也反复提到过，最重要的就是如何能够更早、更清晰地认知自身的特质。如果能做到这一点的话，你接下来要做的只是去找到一个能充分发挥它的环境，这样你对于这个世界来说也就产生了只有你能提供的独特价值。

所有人皆是生而不同，后天的成长环境亦是千差万别，生而平等这种东西从一开始就不存在。如果说这个世界上有“运气”的话，那么它代表的其实是概率，决定了每个人出生时的“原始参数”。当然，每个人在后来的成长过程中在很大限度上能够自由地掌控自己的人生，但其实能掌控的范围极其有限。你自己能够改变的，是你在独立之前身处被给予的环境中能多大限度地发挥自己的特质，以及在独立之后能否自己去到那个适合你特质发挥的环境中去。

总结一下你自己能够掌控的变量：①理解自己的特质；②磨炼自身特质的努力；③环境的选择。你一开始就只能掌控这三点。能够直面这一现实，是你在未来职业生涯中取得成功的起点。而你今后努力的焦点也应该围绕这三点展开。这就是我想分享给你的个人见解之一。

那么现在你有没有感受到一丝兴奋呢？自你降生的那一刻起，你就是区别于他人、独一无二的存在。我想这是一件十分美妙的事，如果你能意识到这一点的话，你会发现与他人比较毫无意义，也没有必要将时间浪费在感伤自身的先天不足上。你应该做的只有一件事，就是将你生而有之的特质进行最大限度的发挥和活用。

你无法成为别人，但可以成为最好的自己！

资本主义的本质是什么

任何事物都有其本质。其本质又决定了机制，机制的运行就产生了我们看到的各种复杂现象。也就是按“本质→机制→现象”的顺序，上层决定下层。如果能够理解并把握其本质的话，那么对于某一事物今后如何发展变化就能在一定程度上进行预测。如果你想将分析能力当作自己的武器的话，就必须锻炼透过现象看机制，以及透过机制看本质的能力。

你所生活的这个社会与其他许多发达国家一样，其社会运行机制深深植根于“资本主义”之中。你认真思考过资本主义社会的本质是什么吗？在你即将步入社会的重要时间点上，如果你能够对所处的这个资本主义社会的本质有一个简洁清晰的认知的话，我想是非常适时的。下面我想就资本主义的本质谈一点我的看法。

那么资本主义的本质究竟是什么呢？在我看来，资本主义的本质就是人的“欲望”。人的欲望多种多样，比如说最基本的“想要生活更加便利，更加舒服”，这一欲望仿佛一根主线贯穿着人类的历史且从未开过倒车。从马车到汽车，从固定电话到移动电话，以亚马逊为代表的电子商务革命，AI 自动驾驶等，过去是这样，未来将依然如此，人类不断追求着能使生活更加便利和舒适的事物与服务。这种需求的惯性使得创新型产业必将崛起。人类的欲求与原始时代相比其实并没有太大的变化，但满足欲求的方法随着科学的发展却发生了天翻地覆般的剧变。在我想象中不远的未来，我们甚至可以乘坐着由 AI 控制的无人机“边睡觉”边去上班。

资本主义是以人的“欲望”为原动力的，促使人与人之间展开竞争，并在这一过程中实现社会的发展，这就是其运作的机制。在这一机制的作用下，人的欲望成了捏在资本家手里的“人质”，迫使每个人都置身于竞争之中，懒惰及停滞成了不被允许的禁忌，为了生存下去，人只有强撑着不断进步、不断努力。“欲望”所产生的能量被用于满足更多的“欲望”，这就形成了一个无限的循环，可以说这是一套非常完备且成熟的运行机制。当然，缺陷和问题仍然存在，它离完美也还有相当的距离。

资本主义的本质是“欲望”，主要机制是“竞争”。再加上前面论述过的“人并非生而平等”的事实，将这些要素叠加起来思考，你应该会对你所生活的这个社会产生更加清晰的认知和理解。让原本就不平等的人展开竞争，又恰恰说明了这个社会深刻的不平等性。这套社会运行机制是为了迎合谁的需求而被创造出来的？试着去怀疑这样一种可能性是一个人富有智慧的表现之一。这个社会并不会平等地对待每一个人，它会根据每个人产生的价值给予相应的回馈，这种回馈上的差异是极其残酷的。

在法律层面所有人的生命都会被平等对待（这里指不被杀害的权利），这也构成了人权的最基本概念。但如果有人从心底里相信人之生命的价值都是平等的话，那他就好比生活在象牙塔里。现实中人之生命的价值截然不同并且存在巨大的差距。当然，对这种论调不以为然者肯定会有，但我眼中关注的只有现实。一个人死后他周围的人会有多大损失？我想不同的人的影响力会有天壤之别。另外，全社会都期待着其死亡的“死刑犯”也有不少。所以看看眼前的现实吧，人之生命的价值以及对社会的有益程度存在显而易见的差别。还是那句老话，人与人并不平等。

当然，除了最基本的生命保证之外，当下的社会体系公平地保证了每个人都能有最低限度的机会。例如受教育的权利、基本人权、法律面前人人平等、选举权与参政权、最低生活保障等。但是，以上这些权利都只是设定在最底线水平，这也是一种理所当然的结果。考虑到那些在竞争中取得成功的人，如果最底线的设定就已经能够满足其足够多的“欲望”的话，那么资本主义社会本身就无法成立了。也就是说，资本主义社会倡导公平地给予每个人参与竞争的机会，但作为竞争的结果，胜利者会获得更多回报而失败者只能被给予“最底线”的对待，在资本主义社会中这被看作是“合理的”。承认这种个人能力的差异会带来不同经济收入水平的合理性，将努力的人有所回报作为准则而不是单纯地谈论平等与否，这就是资本主义社会对“公平”的定义。

在资本主义社会中大致只有两种人存在，这一点你必须有一个清晰的认知：使用自己的24小时去工作赚钱的人，以及利用别人的24小时来赚钱的人。前者叫作“工薪族”而后者则被称为“资本家”。资本主义就如同字面所说的那样，是依据资本家的需求所制定的社会规则。再说得简单易懂点，资本主义社会就是通过让工薪阶层劳动来使资本家获取利润的机制。作为工薪族度过一生，和作为一个资本家度过一生，对比一下这两类人群一辈子的平均总收入，你会发现数字的位数差了好几位。这种极端的差异是惊人的，但这就是现实。

那么，工薪族和资本家在能力上真的有如同收入上鸿沟一般的差距吗？例如工薪族在智力上被资本家碾压了吗？我觉得完全不是这样。出于工作关系，我与许多大资本家或从事与资本相关工作的人打过交道，他们之中确实有很多聪明人，但在工薪族中也有无数智商（IQ）超群的人。就比如我的老东家宝洁中就有大量脑子很好使的人才。但是基本上所有的人都毫无怀疑地做着开心的上班族，这是为什么呢？

其实这就是认知上的差距，也是决定性的差距。人无法去思考自己认知以外的事物。如果父母是工作勤勉的工薪族的话，出生在这样家庭的孩子就有极大可能受其影响，也成为一个认真工作的上班族。也就是说，工薪阶层对于自己工作所产出的巨大价值正在被“外面世界”的资本家不断瓜分一事毫无察觉。其实明明只要自己想去就能到达那个“外面的世界”，却因为认知上的问题根本没有意识到这个选项的存在，使得那一步始终无法踏出。有一点恐怕我们必须要记住，资本主义社会是会对无知以及愚蠢的行为征收“罚金”的社会。

仔细想来，日本的教育系统不也正在“生产”着大量的优秀上班族（劳动者）吗？在学校里取得好成绩，被名牌大学录取，进入大型企业工作然后安逸地生活着，这就是我们的定义中幸福的成功者的人生画像。这种昭和时代经济高速发展时期留下的鲜明思想烙印就如同一道“诅咒”，直到今日依然支配着许多人的思维和认知。不许迟到，布置的作业必须在期限内完成，要和周围的人搞好关系，这些都是从小在学校里就被灌输的“美德”，而这种教育的结果就是让我们成为一个个“守规矩的优秀齿轮”。就算是在学校的社团活动中，我们也被要求对前辈保持绝对的“尊敬”，在这一过程中似乎又锻炼了对于不合理事物的免疫力和忍耐力，让我们在今后的职场中在服从上级方面更加逆来顺受。

今日的工薪阶层和过去的“奴隶”所不同的，就是被给予了选择职业的自由。请原谅我使用“奴隶”这样的字眼，我们之中当然没有奴隶，这只是为了更好地说明，以便于理解。在劳动者被当作奴隶的那段历史之中，资本家迫使大量奴隶进行劳动来赚取丰厚利润的做法，其实和今天资本家雇佣大量上班族来产生收益的模式并没有什么本质上的不同。今天的资本家只是由于基本人权的约束才不得不付出更多的用工成本。

在日本的学校教育体系中是不会告诉你这些观点的。这不禁让人怀疑是否在故意让身处其中的学生无法发觉“外面的世界”。时至今日我们的教育系统依然运作良好，正不断“生产”着大量优秀的劳动力。就这样被“生产”出来的孩子们仍然会毫无怀疑地成为勤勉的上班族，每天乖乖地去公司上班，满足于公司内对自己的认可，在属于上班族的阶层中不断获得晋升并为此沾沾自喜。

等到回过神来发现自己已经40多岁了，也早已被“还不错的待遇”磨光了棱角，无法舍弃当下的一切。作为上班族越是成功，当你想要跳槽、辞职创业时所背负的风险就越发地让你感到束手束脚。于是乎本来拥有极其优秀特质的人也只能在这种上班族思维的蹉跎中结束自己的人生。

另外，无论你在上班族所组成的金字塔上爬到多高的位置，也许你的年收入能达到2 000万、3 000万日元，但你在外面世界的资本家眼中也还是一个“齿轮”罢了。当我发现这一点以后，我就对在某一组织中成为上位者完全失去了兴趣。课长也好，部长也罢，甚至是社长，这些头衔只不过是为了让“齿轮”能够更开心地工作并心甘情愿被关在栅栏里的称呼罢了。当我在现实中看过太多为自己名片上的头衔而感到自满者之后，不禁感叹于资本家们所建立的阶层金字塔是何等巧妙地戳中了人类的本质。

所谓的资本家，就是能够召集众多与自己不相上下的优秀人才，并让他们能够愉快地在金字塔上不断攀爬，而最后自己赚得盆满钵满的一群人。正如我已陈述过无数遍的那样，这个世界并非平等，而是为了迎合资本家的需要而建立起的一套机制。这是“资本主义”主导下的必然。如果要举一个例子的话，靠自己的汗水获得报酬的工薪阶层需要缴纳的个人所得税最高税率超过了五成，而那些一滴汗都不需要流的资本家们所收获的股票分红的税率只有可怜的两成。这样的事实你应该知晓。

我并不是在批判资本家的贪婪，也不是在否定工薪阶层的人生价值，更不是在暗示每个人都应该成为或能成为资本家。当然这世界上也有很多不作为上班族加入某一组织、不去运用集体的力量就无法达成的伟大事业。我真正想传递给你的，是想让你知晓在上班族之外还有资本家的世界，并在此基础上成为一个对周遭暗藏的机会有敏锐感知的人。当你想明白一切后，无论是选择朝着资本家的方向奋斗还是作为一个上班族去完成自己的事业，只要是让自己感到幸福的选择，其实哪样都可以。

知晓上班族之外有资本家的世界，认知一个成功的资本家能收获巨额的回报，意识到自己其实离资本家的世界并不遥远（后续会论述一个没有资产的工薪阶层想要成为资本家其实有很多方法），在你即将开启自己的职业生涯之时知晓以上这些事实是很有必要的。其实最重要的是在你的思维中将资本家的世界纳入考量范围。这一点，直到我在 35 岁遇到格伦 · 甘佩尔（Glenn Gumpel）日本环球影城前总裁兼首席执行官并跳槽去日本环球影城之前都没能意识到。

如果能早一点想清楚的话，毫无疑问我会更早、更多地发觉身边的各种机遇。如果我当初就那样毫无自觉地一直待在宝洁的话，今天又会是怎样呢？每当想起这个问题时我又会感到，拓宽自己的视野与思维这件事无论何时都不算太晚。我深切地感受到，每当你在一个环境中感到舒适自如时，就是向你的职业生涯新高峰发起挑战的最佳时机。

决定你年收入的法则

一个人的年收入是由什么决定的呢？事实上，在你完成职业选择的那一瞬间你的年收入就被大致地自动确定了。至于为什么会是这样，我希望你能在正式工作之前理解其中的奥秘。

无论你做何种选择，我都希望你在做决定之前能清晰地认知到你的这一选择会对你将来的年收入带来怎样的影响。在此基础上你想清楚再做决定，这样你以后后悔的可能性就会大大降低，在今后职业生涯的道路上也能走得更加坦然。下面，我要将决定年收入的三大要素介绍给你，最后再附赠一些我的建议。

首先，第一个要素就是一个人的“专业的价值”。这和商品的定价逻辑相同，也就是说一个人所拥有的专业能力（技能）在市场中的供需关系决定了其年收入。如果需求增大，那么就涨价；如果供给增多了，那么价格自然也会下跌。一个人年收入的变化的原理和本质与此如出一辙，如果你拥有的专业技能让你成为一个“很难被代替的人”，那么你的工资肯定会处于高位，反之则相对廉价。说得再明白一点，经营技能、市场营销技能、法务技能、人事技能，在这些不同的专业领域中，相应的“定价”也是不同的。当然，对某项技能的需求越是高涨而供给又很稀缺的话，其年收入必然水涨船高。

因此，工资总是无法上涨的根源就在于自己的价值并没有得到提升。就拿你已经习惯了的日常工作来说吧，就算你完成它的速度变快了，但与一年前的自己相比你又学到并掌握什么新的东西了吗？其实这么一想就很容易理解了。你掌握的所有技能的供需关系决定了你的年收入。如果你还盼望着能够像年功序列制时代那样定期涨工资的话，那么你只能去指望工会了。你自己能做到的就只有不停地磨炼自身技能而已。

第二个因素在于你所在领域的“行业机制”。同一专业根据其所属产业及行业机制的不同，在工资待遇上会有非常明显的差距。表面上看这是由各企业及经营者自己自由决定的，但其实这种“自由”是不存在的。某一业界特有的行业机制决定了所能支付的人力成本上限。这其中赚钱多的企业自然发放的薪酬会偏高，反之薪资水平就会偏低。

举个例子，经营咖喱饭餐馆的店主们的年收入其实大致相当。这种现象当然不仅局限于咖喱饭餐馆，大街上随处可见的咖啡厅的老板们的年收入也是基本相同的。乌冬面店主之间、蔬菜商之间、糕点师之间、章鱼烧商贩之间、私人医生之间、牙医之间、律师之间、媒体人之间、化妆品公司销售员之间、银行员工之间、日系家电制造商之间等，在同样市场机制运行下的同行业者的年收入都基本相近。

那这又是为什么呢？其原因就在于市场机制决定了该行业的基本人力成本。经营一家咖喱饭餐馆，其实基本上没多少东西是可以自由决定的。首要的就是原材料成本，你的进货渠道及制作成本就算再怎么降低也有个限度，而其他咖喱饭的店主们也同样在精打细算，其结果只能是相似的。同样的，员工工资、店铺维持费用等也是一样的逻辑。一盘咖喱饭要想让食客不失望而感到物有所值，其定价也会维持在一个相近的水平线上。正是由于市场机制的相似，其结果导致这些店主们除去所有的成本支出，手上剩余的利润也就是年收入，只能是大体相当的。

因此，如果你想要跳槽去同一行业另一家公司的近似职位，那么从年收入的角度来推测，你就只能得到和之前差不多的工资。如果真的想要跳槽的话，明智的决定是选择那些“能够发挥自身专业”且“工资待遇更高的其他行业”。如果市场机制不发生大的变化的话，相应行业的年收入恐怕也将是一成不变的。

第三个要素是“成功的程度”。同一专业、同一行业根据其成功程度的不同，年收入也会存在差异。就算是咖喱饭餐馆的店主，店里生意的好坏也将直接影响其收入。在上班族之中，年收入 200 万日元和年收入 2 000 万日元的人，其最大的差别就在于是否拥有不可代替的能力。而能在多大限度上让公司经营层及资本家承认你的个人价值，就是你作为上班族成功程度的证明。

以上三个因素通过组合最终决定了一个人的年收入。选择什么专业？投身什么行业？自己能获得多大程度的成功？你必须要在想清楚这三个问题之后才能开始找工作或跳槽。

换言之，你选择什么专业，投身哪一行业，进入哪家公司，在这一切尘埃落定的那一刻，你的年收入就基本自动定型了。当然你能成功到何种程度会对收入产生影响，但这种成功的上限和失败的下限也是根据这三个因素被框定在一定的范围之内。所以站在学生的角度，只要能做到认真思考分析，对这三个因素组合后的上下限进行预测，应该是不难做到的。

专业不同、行业有别，从事不同工作你能期待的年收入的差距何止几倍，这一点你必须要明白。比如说在一般意义上的认知中，金融业的年收入会比制造业要高得多。这是因为金融业运行的是钱生钱的商业模式，不用像制造业那样在扩大业务规模时需要巨额的设备投资（没有工厂及库存品这样的固定资产占用资金），这是由它运行的机制所决定的。职业棒球选手的平均收入也要比足球运动员的高，这是由于棒球选手在一年中参加比赛的场次相对更多的机制所决定的。

在把以上这些内容上升到世界法则的高度进行理解后，我还有两点建议想要告诉你。首先，在知晓年收入期待值上下限的基础上，请选择你所热爱的能让你充满激情的工作。为何？如果你选择的不是你所热爱的事业，那么第三个要素“成功的程度”就很难达到一个高度。工作中其实占大多数的还是艰辛与烦恼，即使选择了你喜欢的工作，前方依然有很多艰难险阻在等着你。如果单纯地为了钱而选择了与初心相背的工作，你必定无法收获成功。只要是你自己无悔的选择，哪怕是依据专业及行业机制判定其可期待年收入较低，也总比选择别的工作一败涂地要强得多。收入上也一样如此。无论是什么行业，也不论是什么工作，在你所在的领域获得成功是最重要的，而早日成为某一领域的专家无疑是十分关键的。

接下来你需要记住的是，不管是在哪一个行业，只要你能成为某种意义上的专家，你就能将一直以来所锤炼的技能和实践作为跳板，让你的专业得到“升级”。比如咖喱饭餐馆的店主，他可以将商业模式升级为销售制作咖喱的技术，也可以摇身一变成为加盟式咖喱连锁店餐饮公司的社长。这样的话原先小餐馆式的经营机制将完全转变为一种全新的模式，相应地其年收入也会发生天翻地覆般的变化。顺便说一下，在我体重还是100千克的时候，经常在加班时光顾的“壱番屋（Curry House CoCo）”最初也是从一间小店铺做起来的，如今已经发展成为一家大型连锁餐饮品牌了。

这所有的一切，都是为了提升自我成功的概率。在了解年收入期待值的基础上去选择能让自己倾注热情的事业并不断前进，然后再将收获的成功作为踏板，越过专业及行业的限制，将自己升级到一个全新的层次。在不断地积累成功之后，职业生涯的升级将逐渐变为可能，经济回报也会随之而来。你要知晓“成功→金钱”的顺序绝不会逆向成立。

无论是求职还是跳槽，我们应该最大限度地追求的是将自身成功的概率最大化。为此，必须想清楚对于自己来说什么才是成功的定义并把它量化成目标。但是在目前的日本，因不知道自己想做什么、目标不明确而踌躇不前的学生还大量存在。但是，这也没有关系。怎么解决这个问题我会在后面的文章中详细阐述。目标是暂定的，未来再去改变它也没有问题。但在当下，在这一刻，你需要尽自己的最大限度去试着给出一个答案，为的就是做出一个以后不会后悔的选择。

如何从零开始积累财富

前些时候，在某个大学的研讨会上，一位学生冷不丁地问了我一个问题："森冈先生，一个什么都没有的普通人如何才能变得富有呢？请您一定要教教我！"面对这个突如其来的问题，一开始我竟然想岔了，听成"一个不受女生待见的人如何才能变得受欢迎呢？（日语中部分单词发音相同）"这种恋爱相关的问题，我应该是这个地球上最后一个有资格来回答的人，当时真的把我给问懵了（笑）。不过那天的那位学生有着像你这么大的年轻人中少有的目光，那双散发着光芒的双眼让我印象深刻。这使我对日本的未来多少看到了点希望。

"欲望"即正义。想使欲望得到满足的冲动，或者说欲望的强烈程度就等同于你在这个世界上生存下去所能使用能量的多与少。为什么这么说？因为从本质上驱动这个资本主义社会的就是人的"欲"，包括物欲、权力欲，等等。这世界上充斥着各种各样的欲望，没有人可以置身其外。无论是什么样的宗教或是何种圣人都不能免俗，他们一定都心怀着某种欲望。那些尽可能让自己摒弃欲望的人，也许是因为欲望得不到满足而苦闷、也许是受挫于现实中弱小的自己而一味逃避想要免受伤害。这个世上就算存在完全没有欲望的人，其也会像《火影忍者·疾风传》世界里完全没有查克拉的忍者一般，根本无法生存下去！所以，每当我看到年轻人那充满欲望与野心的火热眼神时我都会十分高兴。我希望你也能以一个强者的姿态真实而鲜活地面对自己的欲望。

回到开头那位学生的提问，我的回答是：“说到底，可能只有成为资本家这一条路可以走。”

一个自出身之日起就没有任何资产的人，在现代社会中如何获得巨额资产呢？在我看来，在有限的方法中成为资本家应该就是最佳选择。我为什么敢这么说呢？正如我之前所说明的那样，我们所处社会的机制是为了迎合资本家的需求而被创造出来的。无论你想要达成什么样的目的，就好比行军打仗，没有什么是比利用好战场地形更加简单有效的了，同样，再也没有比利用好社会机制来达成目的更高明的手段了。当然，想成为资本家并不简单，但考虑到风险与回报，考虑到社会机制上的有利条件，这其实就是成功概率最高的方法。至少比起那些用仅有的钱去赌博、赌马，等着中彩票、等着自己上班族的人生发生奇迹，然后天降横财要来得靠谱得多。

当然，如果没有资本的话，是成不了资本家的。想要变得能够运作大量资本并不是一件容易的事，但成为资本家这件事本身其实并没有想象中那么难。成为资本家最简单的方法就是去购入上市公司的股票。无论你是兼职也好，自由职业也好，在公司上班也好，都可以把挣来的钱作为种子，以买股票的形式播撒给那些你认为有升值潜力的公司。在过去的几十年间，世界股票的平均年化收益率为 7% ~8%。所以，只要你的眼力和运气处于中游水平的话，那么未来的几十年中你也能赚取同等收益。这是合乎逻辑的合理推断。如果能得到年化收益率 7% 的收益的话，那么只要十年，你的原始资本就能翻番，20 年的话就能变为原来的 4 倍。但是，如果你想不工作仅凭股票收益生活的话，按照 7% 的收益及一年 700 万日元的理想税前收入来计算的话，那么你需要约 1 亿日元的原始股本。

那么在资本主义社会的大环境下，买股票这件事究竟意味着什么呢？我希望你能理解得更深入一点。购买某家上市公司的股票就意味着你成为该公司的拥有者之一，也就意味着你脱离了用自己的 24 小时赚钱的上班族模式，转身加入了利用别人的 24 小时获得收益的资本家队伍。再说得直白点，如果你买了软银的股票，那么孙正义就相当于在给你打工；如果你又买了亚马逊公司的股票，那么那位杰夫·贝佐斯也相当于在为你工作。也就是说购买股票 = 成为企业的主人，赚钱所需消耗的将不再是你自己的 24 小时，而是你持股公司从管理层至员工的 24 小时，他们都将为你工作。

但很遗憾的是，日本社会中对于股票投资抱有畏惧心理的人非常多。他们总是喜欢将钱存在利息微乎其微的银行里，每次使用却还要反过来花上一笔手续费，这种“无用存款”在日本实在是太多了。在发达国家中这种将个人资产基本不用于投资的现象是十分罕见的，而且到现在也依然持续着。日本泡沫经济破灭及次贷危机的阴影也许到现在都还让人心有余悸，但即使是发生过这些经济上的波动，过去数十年的历史中股票的平均年化收益率仍能保持在7%～8%的水平。短期内也许会有一些波动，但从长期来看，世界经济仍然处于增长之中。但即使是这样，出于“怕亏钱”的心理，有大量的人都似乎停止了对现实的思考和判断。

将投资与投机的概念相混淆的人很多，另外，又只有很少的人会去考虑不投资所带来的风险。在世界上最发达的资本主义国家美国，个人投资额占个人总资产的比率约为5成，而日本只有2成，是发达国家中的最低水平。过多的银行存款占比限制了投资的活力，这对社会发展是十分负面的。

多数的日本人都缺乏向资本家靠近的意愿。多数的日本人也同样没有“人睡觉了但你的钱仍可以继续工作”的思维。这应该归结于日本社会中无论是家庭还是学校都缺乏对资本主义为何物的基础教育。另一个层面，也说明日本证券行业的市场营销这么多年以来都没能起到什么成效。当然，深耕富裕阶层的优质客户是必要的，但如果眼里仅盯着这些的话，是无法做到像欧美那样充分挖掘个人资产用于投资从而使社会得到发展的。现在急需要做的是改变日本人的意识，扩大个人储蓄中用于投资的部分。这是一场宜早不宜迟的变革，也是市场营销发挥真正作用的时候。

好了，你现在应该理解了持有股票是个人资产形成的其中一种可行方案了，但我说了这么多绝不是为了让你买股票，而是为了拓展你的思维和视野。接下来，我还要介绍另一种思路。同样是以成为资本家为目标，相较于按部就班地买卖上市企业的股票，这种方法能在更短的时间内让你一本万利。

这种方法就是，“将企业的股票作为成功报酬收入囊中”。老实说，如果你想坐拥几亿、几十亿、上百亿日元的个人资产，除非你有挖到油田或德川家埋藏的宝藏的运气或能力，否则的话在现代社会，我认为没有其他方法比这条路更能接近成功。这一方法主要有两种模式。

想要将企业的股票作为你个人的成功报酬收入囊中，最直截了当的就是“创业者模式”。就像孙正义和杰夫·贝佐斯一样，首先创建自己的公司，然后不断发展，提高其市场估值，最终实现公司上市或卖给第三方，通过创业者红利出让股权收获利润。创业之初从零开始的企业如果上市后变成千亿、兆日元市值的企业的话，假设你拥有50%的股份，那么你将在公司上市的那一刻成为资产巨鳄，哪怕你只拥有0.1%的股份，那也足够让你跻身超一流富豪阶层。

即使没办法创立这种大型企业，用1 000万日元的资本金创业，然后以10亿日元的价格将公司卖掉，你也能借此一举加入富人的行列。花几年的时间创办一家小规模的公司然后将其卖掉，转而再去创业并重复这一循环，这种被称为“职业创客”的人大有人在。我也有实际创办公司的经历，其实建立一家股份制公司要比想象得简单得多。资金只需几万日元，再加上一些手续费，总共20万~30万日元，你就能拥有一家自己的公司了。如果是有限责任公司的话，那手续就更加简单了。当然，企业创立、维持管理、税务等事情又多又杂，但只要你有认真做下去的决心，这一切都不是问题。

另一个模式是“经营改善型”。这是一条由劳动者蜕变为资本家的最典型的路线。也就是那些经营业绩恶化，或是谋求进一步发展的公司向你提供该公司的股票或期权，作为条件，你将加入该公司参与经营改善计划，在业绩成功提振后出售这部分股权来获得收益的模式。经营业绩提振前后的差距越大，你就越有可能获得比肩“创业者模式”的巨额收益。在最近几年中，日本环球影城的前CEO格伦·甘佩尔就是不多见的成功案例。事实上我也是以这种模式加入了日本环球影城的重建计划。

那么问题来了，如何才能让别人主动向你发出分享股权的橄榄枝呢？对于资本家来说，股份就是力量与财富的源泉，想要让他们把视若命根的股权主动拿出来与你分享必然不会是一件简单的事。只有用你的专业能力及过往的成功经历让他们相信非你不可，没有你就无法实现经营业绩的改善，这就是一切的前提。这比普通的猎头找上门来要难得多，必须是你的市场价值（劳动市场对你个人价值的评判）提升至一定的高度才会触发的机会。

想得到这种邀约的话，只有不断磨炼自己的专业技能，成为某一领域的专家并崭露头角，用实际业绩提高自己在劳动市场的定价，除此之外别无他法。总而言之，无论你在什么行业从事着何种工作，你都要有意识地时常去思考自己在劳动市场中的价值究竟有多少。如果只是一味沉醉于公司内部对你的评价的话是非常危险的，即使你没有跳槽的念头，你也应该与一些靠谱的猎头保持联系，定期去听一听他们对你在外部劳动市场价值的判断，这不仅能让你保持不断向上的紧迫感，也有助于你在充满紧张氛围的职场中更加游刃有余。

我在宝洁工作时期，可以说是百分之百地陷入了上班族思维。在偌大一个宝洁之中，我对于股东的认识也只停留在概念上。身处于职级金字塔中的我几乎将所有精力都放在了提升能力和经验上，对外面的世界几乎没有丝毫察觉。那时的我想过或许未来我会离开宝洁，凭借某次成功在业界一举成名，然后一定会被某家公司看中请去做社长，延续作为一名上班族的职业生涯。

说真的，我估计那时的我应该就是这么想的。当时的这种理所当然式的想法其实完全是没经过大脑思考的，就像将自我囚禁在了自己的思维牢笼之中。后来我才明白，意识中不存在的东西，就算放在你的面前你也会视而不见！

真正让我开始知晓并理解资本主义的机制和资本家的存在，以及他们是如何使用“炼金术”获得收益的，是我离开宝洁加入日本环球影城之时的事。正是那位日本环球影城的前CEO格伦·甘佩尔让我注意到了这一切。顺带说一下，其实我（虽然与格伦·甘佩尔相比我就是个小沙砾般的存在）也是“经营改善型”模式的招揽对象和受益者。你知道当时他跟我谈了什么吗？他对我说：“森冈先生，在这个资本主义社会中其实只有两种人……”（笑）那个时候，我第一次注意到了我之前一直都没能发现的世界，于是就这样我成了“将股权作为成功报酬的上班族”。结果，这样的上班族人生一直持续到了我44岁离开日本环球影城为止。

在我完成了重建日本环球影城的使命，正式辞职后，我立马就收到了众多大公司抛来的橄榄枝，但那时的我已对这条上班族延长线上的职业生涯感受不到丝毫的魅力了。相对于不断重复修理损坏的轨道这种对我来说已是驾轻就熟的工作，从零开始自由地去铺设属于自己的轨道更能激发我的挑战欲望。是的，我想要进一步开拓那属于我的世界。

我想要的是一个能实现心中所想的自由平台，于是我与一群志同道合的精英走到了一起，创立了“刀”这家公司。当时我把使日本环球影城成功实现“V”字形业绩重振的报酬作为“军费”，全部投入这支精英部队的建设中。这笔钱其实已足够我安安稳稳地享受接下来的人生了，但这显然不会是我的选择，我将我的全部赌注都下在了“刀”上。自那时起两年过去了，我的“刀”也终于成功地走上了正轨，但也不过是在资本家的世界刚露了个面而已。面对这样一个未曾踏足、充满未知的广阔世界，我感到了前所未有的兴奋与期待。

当你实际去做了之后，你会发现自己创业成为资本家后，依然有很多需要操心的事在等着你。在创业初期，我理所当然地兼任着社长，因而还是没能脱离劳动者的角色。真实情况是，我的工作量变成了上班族时期的数倍，365 天、24 小时，我没有一刻不在为我的事业忙碌。这与利用他人 24 小时攫取利益的资本家还相差甚远，每天所感受到的那种刺激与不安亦是过去的几十倍。这就是背负着众多伙伴生活所要承担的责任之重。相比之下，作为一个上班族，满足公司对你的要求然后每月拿工资的人生要轻松何其多啊。

但是，与创业付出的辛劳成正比的，是一种同时喷涌而出的“不枉此生”的巨大满足感。这种“值得”所代表的精神内涵，最终都汇集在能够自己选择人生道路的“自由”两字上。

在上班族的工作中，执行那些与自己所认同的“正确”背道而驰的决议其实是家常便饭。如果这些决议在其他的什么道理上能够说得通的话姑且还能忍受，但当这些理由不明的决议与自身信条的冲突变成无法忍受的日常时，如果你没有逆来顺受的觉悟的话，那么你的上班族人生是无法继续走下去的。在此之前我 20 多年的上班族生涯中，这种忍耐的经验已经积累得足够多了，我的工作成绩也已足够证明我自己。考虑到这只有一次的人生今后该何去何从，我和我的伙伴们最终决定要遵从自己的意志去开辟新的人生道路。即使冒着创业失败的风险，我依然没有一丝迟疑，这份力量就来源于“自由”的感召。

这个世界如果用我自己非常喜欢的一句话来概括的话，就是“任何事都有其代价（Everything has cost）”。上班族有上班族的辛苦，就算自己创业，后面也会有别的辛苦在等着你。贫穷有贫穷的烦恼，手握大量资产的同时也会有相应的别的烦恼。应该成为资本家，或是就当一个上班族，人生的答案永远不会如此单纯简单。重要的是为了选择一份适合自己的辛苦，你得尽可能地去拓展自己的思维（你所认知的世界）。如果你本就不适合做上班族，却被上班族式的思维所束缚，无法挣脱，那么不幸就会一直伴随着你，反之亦然。选择适合自己的人生道路极为关键，一切都是为了让这只有一次的人生活成自己喜欢的样子。

判断企业未来发展潜力的诀窍

如果你想成为资本家的话，你甚至现在就可以开始创业，只要你有相应的点子和能量，就应该大胆地去挑战，为时尚早什么的其实并不存在。创业过程中的不安及压力可以根据承担风险的程度进行调节，总有办法让它消弭于无形。无论你是大学生还是高中生，只要有真正想去尝试的事情，就应该去积极挑战，现实中这样的例子并不少见。

在这种尝试的过程中，没有必要太过纠结于事情本身的成败与否，你越是投入，你能学到的东西就越多，在经历过这一切之后你会收获一个视野、格局有了翻天覆地般变化的全新自己。另外，你也可以像我一样，在某一家公司将上班族作为自己职业生涯的起点，从零开始学习技能，然后不断地向资本家靠拢，徐徐图之。

当然，如果成为资本家这件事对你来说并没有什么吸引力的话，就没有必要强求。从日本人的精神特质来看，应该是更倾向于找一份稳定工作的人占绝大多数。如果这是在知晓外面的世界之后经过思考做出的选择的话，那么就不用犹豫怀疑，坚定地在自己认定的道路上向前迈进就好。

如果以找工作为前提的话，你最在意的无非是就职公司的经营状况是否健康稳定。作为一个上班族，如果你想在一家公司长期发展并取得成功的话，这一点就变得尤为重要了。就算你跟我一样是以学习技能为目的进入某一家公司，如果这家公司没过几年就因为经营不善倒闭了，你也会感到很难过吧。大多数人追求的都是安心与稳定，所以大家才对东证一部的上市企业趋之若鹜。

但是，这种想法真的一点问题都没有吗？在我看来，如果你最看重的真的是工作的稳定性的话，那就不应该只盯着当下的大企业，而应该以进入未来的大企业为目标。进入当下的大企业又能怎样呢？10 年后、20 年后这些企业还依然强势吗？甚至不复存在的可能性也是有的。相反，现在的某些小企业也许就有成为未来的软银或者优衣库这样重量级公司的潜力。如果你能进入这种如同攀云而上的升龙一般的企业与其共同成长的话，你所能积累经验的质和量将会成为你职业生涯厚积薄发的有力保障。

那么在你实际找工作的时候，究竟怎样才能辨别出那些有潜力成为未来的巨头，又或者是在中长期能实现稳定发展的企业呢？这种选择关乎你的职业生涯能否开个好头，所以必须靠你自己对进入候选名单的企业做一次充分的甄别。

那么现在，我就来教教你选择企业的原则。我会尽可能地以简明扼要的方式将最基础的思考方式呈现在你面前，因为即使作为专业人士，我们实际在做企业未来走势分析时所使用的基本逻辑与思路也都是一样的。本来应该就全部五个原则都拿来详细说明一下，但对于单纯的求职分析来说又太过复杂，所以我就选取其中最重要的两个维度来介绍。只要你能够运用这两个维度去审视眼前的企业，就能自己得出"看起来不错"或者"看起来不妙"这样的判断。

顺带提一下，这里分析所需要用到的信息，只要对方是上市企业，就能在网上检索到该企业的有价证券报告书（按规定需要公开）等信息。从中可以得到其市场动向及业绩等一些非常有用的数据。如果这样还不够的话，就只能靠你自己的智慧带入一个“假定值”来继续你的分析。

这里我有一个忠告想要传达给你。当然不仅限于像你这么大的年轻人，其实很多日本人都有这个毛病，真的是非常不好。不仅是在企业研究领域，几乎在所有需要分析研究的事情上，很快就会有人跳出来说“根本就没有信息可查啊!”，这样愚蠢的人其实不在少数且实在让我非常无语。在这个想找什么信息立马就能在网上进行检索的时代，养成这种不动脑子坏习惯的笨蛋应该会越来越多吧。

其实信息这种东西，只有在与人的智慧相关联的前提下才有存在的意义。外部世界的线索（数据、事实等）通过自己的力量来收集，然后在自身智力的驱动下进行统合、推理，最后产生的附加价值就是所谓的信息。那些网络上如同街边石子般泛滥的信息（?），以及那些将这种信息捡来就用的人，可以说基本上都没什么出息。但日本社会却仍在大量地“生产”着这类人，看看他们你就能明白为什么日本这30年来会一直深陷经济增长停滞的境地。高中毕业需要读12年的书，大学毕业更是要接受16年的教育并持续学习，这不正是为了培养这种在广阔世界中搜寻线索，再通过大脑进行加工组合的“智力”吗?

爸爸绝不希望你成为这类愚者中的一员，而是想让你靠自己的力量去收集信息，在搞清楚这个世界运行机制的前提下再去社会的风浪中搏击。况且企业需要的也是这种具有独立思考智慧的人才。所以我接下来想要教给你的方法，不管是在求职实践中还是在今后的工作当中，都能够起到很好的作用，可谓一石二鸟。

对于在求职过程中所遇到的企业，当然没有必要花费相同的时间做同等程度的深度挖掘，但在其后的筛选甄别阶段，企业分析就显得尤为重要了，特别是当你看重一个企业的未来发展是否稳健时更是这样。这远比把自己的命运交由网络上那些不负责任的谣言和评判来决定要好得多。哪怕错了也不要紧，希望你能成为一个习惯于用脑思考后再做判断的“靠谱”成年人。

是否有支撑企业可持续发展的“需求”

最先应该考虑的其中一个维度是“需求”的变化。也就是去分析和判断支撑该企业主要营业收入的市场需求，在未来能否持续处于一个稳定的状态。在日本人口减少的大背景下，该企业的市场依存度是怎样的？会持续减少吗？需求反而会增加吗？未来能持续保持稳定吗？5 年后、10 年后、20 年后、30 年后又是什么情况？要学会自己去推演长时间跨度下的发展走势，这样你就能大致分辨出哪些是处于上升期的行业，又有哪些属于衰退型行业。

现在我们就以我的老东家日本环球影城为例来实战体验一下吧。我正式开始领导日本环球影城的经营重建工作是在 2010

年，那时日本环球影城的全年客流量为700万~800万人，且其中集客的七成来自关西地区。当时为了决定是否加入日本环球影城，我对其未来的发展情况做了推演分析，而我最先关注的就是关西地区对主题公园的市场需求未来会怎样变化，以及日本环球影城究竟还有多少潜力能进一步发掘市场需求。

首先关于关西地区的市场需求，通过调查发现，在少子高龄化社会背景的持续影响下，20年后的目标客群人口（有意愿去主题公园游玩的年龄段人口）将减少两成以上。也就是说在20年后，占现在整体销售额七成中的两成将会消失不复存在。就算剩下的三成能得到维持，那么如果原来的销售额是100的话，20年后就只有86了，看起来不太妙的样子。

再根据我当时听到的一些小道消息，那时日本环球影城一年700万~800万人的客流也只能勉强维持经营，再加上推演出未来市场将萎缩至现水平的86%，最后再结合主题公园的平均边际利润一算，我脑海中立马就浮现出了代表“肯定倒闭”的红色玫瑰[一]和北斗七星旁闪烁着的“死兆星”[二]从结论上来说，2010年时的日本环球影城的市场需求的前景可谓黯

[一] 出自日本漫画《圣斗士星矢》中双鱼座黄金圣斗士阿布罗狄的奥义，血腥玫瑰在脱手的瞬间就会正中对手的心脏，而对手也绝对无从躲闪。当白玫瑰因吸血被染成红色之际，就是对手绝命之时。——译者注

[二] 出自日本漫画《北斗神拳》，传闻凡是能在空中看到“死兆星”的人，基本上一年内就会死去。——译者注

淡无光，十分危险。

像这样基于人口的动态变化来分析市场需求的增减是非常基础的一种做法。除此以外还有一种分析维度同样非常重要，即除了现在这家公司所掌握的、支撑收益的核心技术手段之外，是否有可能会出现一种新的技术取代它。不要忘了，消费者的天性就是去追逐那些能够带来更加便利、体验更舒适的事物。煤炭被石油取代，电子邮件的流行消灭了贺年卡，有桥架起的地方渡轮的生意自然就没法做了，这种需求的转换对于某一行业或相关企业来说无疑是一场革命。

关于替代技术的出现，在大部分情况下是很难预测的。就比如说在 20 多年前我找工作的时候，那时连锁超市巨头大荣超市正处于全盛期，恐怕当时没有多少人能料想到，之后出现的以亚马逊为代表的电子商务平台会给实体零售业带来如此大的打击。但同时，日本家电行业由于国内劳动力价格的极速上涨将逐渐被韩国及中国取代这件事，当时有很多人已经嗅到了这样的气息。此后像索尼、松下这样的企业果然放弃了纯国产的策略，开启了从 LG 采购有机 EL 面板的时代。

那么像日本环球影城、东京迪士尼度假村这一类主题公园在“技术”层面又会面临什么样的风险呢？能够威胁到主题公园这种“现实娱乐”方式的替代技术，应该是以智能手机时代手游为代表的“快餐式娱乐”方式的普及（利用碎片化时间轻松达到消减压力的目的），以及 VR（Virtual Reality，虚拟现实）、AR（Augmented Reality，增强现实）等技术的进一步成熟（人们在主题公园中寻求的沉浸感，未来可以更加真实地在家就能轻松体验到）。那么这些技术的发展会带来何种结果呢？这种以前只有在主题公园才能享受的身临其境感，其市场需求在未来也许仍有一部分能得以留存，但从大方向上来看，必然是不断萎缩的下场。就像这样，从众多信息源中找寻线索并组合，在大脑中不断推理，然后得出结论。

下面再让我们来探讨下支撑日本经济的汽车制造业，看看从市场需求的角度未来又会有什么样的变化呢？这其中最大的一个变数，应该就是AI大潮下的自动驾驶技术能否得到普及。那么自动驾驶会给汽车制造业带来怎样的影响呢？如果是你的话，会如何思考这个问题呢？

这时候能帮助我们思考的一个原则就是，市场需求必然是消费者喜好的忠实反映，而消费者的喜好又总是趋向于“更加便利、舒适”的事物。不管是那些秉承“复古”价值观强调“驾乘愉悦”的人，还是想要通过施加严苛的法规来延缓自动驾驶时代到来的经济产业省，其实都无法改变全世界的汽车制造商们必须去迎合消费者需求这一事实。

关于汽车，如果从“更加便利、舒适”的角度来思考的话，自己开车这件事应该算是一件苦差事才对。汽车厂商们何时能通过消费者视角去发现这一点是胜负的关键。如果认为自己驾驶才有价值的消费者占大多数的话，那么自动挡汽车也不会这么快就取代手动挡，成为主流。关于自动驾驶也是一样，其实并不需要深入思考，肯定是大家一起在车内把酒言欢，然后不知不觉就到达目的地的体验更好。即使从社会老龄化的角度去考虑，随着年龄的增长，判断力及驾驶能力的逐渐衰弱将使我们不得不远离方向盘，但如果进入了 AI 时代，更舒适方便、更安全的自动驾驶必然是最合理的解决方案。届时你将不再需要自己驾驶，你也不再需要拥有一辆私家车，而是在你需要用车的时候自动会有一辆你喜欢的车来接你，这样的时代必将到来。而那时候汽车的市场需求就会大幅下降。

基于这种未来假定，你可以根据分析的对象企业是否做好了应对未来的准备来判断该企业将来的发展。关于自动驾驶技术，在我个人的感知中，相较于谷歌阵营，丰田一方的技术水平恐怕已经被“套圈”三次了。丰田看上去也在投入巨额的资金，想要拼命地追赶上去，但在该领域想要把失去的时间追回来是非常困难的。因为我们的竞争对手在数据积累方面已经领先了太多，这就意味着他们先行抢占了新时代的话语权。

我还有一个感受是，汽车制造商们有些沉浸在过往的荣光之中，使得在面向未来的投资判断前稍显迟钝。这或许是因为现在的汽车行业聚集的都是一群真正热爱汽车的人，他们都不自觉地过度偏重于技术，而这种对过往技术的迷恋久而久之就形成了一种割舍不掉的情怀，其结果就是忽视了客户视角，也错过了赶往新时代的早班车。作为日本经济的顶梁柱，我衷心地希望丰田能够不单单将视角局限于即将到来的新时代，而是放眼更长远的未来，用消费者思维奋起直追，再怎么说方法也总比困难多。

就像这样通过收集各种各样的线索并整理成可用的信息，就可以做到自己去判断一个企业有无市场需求。同样还能知晓你感兴趣的企业支撑其主要销售收入的未来市场行情，以及该企业想要开拓新业务的未来市场需求，这些都可以通过推理得出大致的结论。如果你能够通过市场需求进一步判断出一家企业市场份额的增长潜力的话那就更厉害了。因为就算某一领域的市场需求下降了一成，而其中的某一家企业的市场份额未来能够翻一番的话，这家企业的体量无疑会得到大幅提升。

有无能够支撑可持续发展的“机制”

第二个维度就是看一家企业在基于一定市场需求的前提下，有无持续扩大其市场份额的“机制”。这里所谓的“机制”指的并不是短期的发展前景，而是支撑企业当下业绩的核心业务（核心竞争力：强势所在）能否在未来实现可持续发展。具体来说，就是要看一家企业在市场竞争中具备何种要素，能够成功撬动市场份额并产生正向变化。在这一过程中，你要去考察一家企业在维持、扩大市场份额方面的潜力，也要看在软性、硬性的实力持续提升方面有无长远规划等。此外，如果一家企业能够凭借自身的力量，在自身所处的领域中构筑起门槛，起到抑制竞争、防范攻击的效果的话，那么这家企业无疑是大大加分的。

所谓“机制”，其中最具代表性的就是诸如专利、商标、著作权一类的知识产权。如果一家企业能和某一项持续受到购买者支持的专利技术联系在一起，进而独占这项专利的话，在通常意义上这家企业就具备了可持续发展的“机制”。此外，还有我们的市场营销人员所创造的“品牌”，也是被商标权所保护的代表性知识产权，即除商标所有人外任何人不得将其运用于商业行为，这就是一个典型的维持市场份额的强力机制。除此之外，“竞争门槛”也是一种常见的机制，能够起到维持并扩张自己“地盘”的作用。门槛的存在意味着别的企业想要在你深耕多年的领域与你展开同等竞争，就必须动用巨额的资金和设备投资，这对于一家企业来说本身就是一种巨大的风险。其他的还有法律法规、特定人脉关系、原材料垄断、渠道支配等众多能够维持企业市场份额的机制，而拥有这些机制的企业无疑能在中长期内实现经营的稳定。

下面让我们来看一个简单易懂的实例。东京迪士尼度假区是非常受欢迎的人气观光地，我们可以试着思考一下，其高居不下的市场份额究竟来源于何处？无他，就是以“迪士尼品牌内容”为代表的软实力。如果这时业界出现一个竞争对手取代了迪士尼的地位，使之变为一个过气品牌的话，可想而知东京迪士尼度假区的市场份额必然会大幅下滑。如果你是一个求职者，正在考察东方大陆（东京迪士尼度假区运营方）这家公司，那么你就应该考虑这种可能性并自己做出判断。

我们可以来实际思考一下。在日本关东地区出现一个能把迪士尼比下去（或与之匹敌）的品牌，其可能性真的存在吗？大家稍作思考就会发现，答案应该是否定的。此外，在东方大陆与迪士尼的合约中，应该明确规定了在同一商圈内不得有第二家公司使用迪士尼品牌开展经营活动。再加上想要建一个与东京迪士尼度假区相当规模的主题乐园与之竞争，需要巨额的直接投资（5 000 亿日元规模），所以现实中出现这种具有强大资金实力的竞争对手的可能性非常之小。如果你能理顺这些信息，就可以将以上这些“软实力”看作是该公司能够实现可持续发展的强力“机制”。在可预见的未来，只要市场需求持续存在，那么东京迪士尼度假区在中长期之内都会是这些市场的霸主。就凭上述这些观点，你就可以断定东方大陆是一家很大概率能够实现长期稳定经营的企业。

在进行这一类分析时，如果能够顺便将最糟糕的“剧本”都考虑一下的话就更好了。那么，让我们来想象一下，什么样的“剧本”会导致迪士尼品牌强大的软实力遭到破坏呢？事实上确实存在这么几种可能性。其一是迪士尼曝出某个丑闻，使得其兜售梦幻与魔法的形象破灭倒塌，落得众叛亲离的下场。再者就是知识产权到期后没能得到延长，这样一来谁都可以使用米老鼠等经典角色来做生意，甚至是在现在东京迪士尼旁边建一个类似的主题公园（这种事就算有可能发生但在日本估计也没人会这么做）。还有一种可能，即有一个人气超越迪士尼的品牌（比如说吉卜力工作室）愿意耗费巨资在与东京迪士尼同一商圈内建设主题公园（吉卜力已经公布了在爱知县建设展示型公园的计划，所以事实上这种可能性也基本不存在）。如果以上这些情况都不发生的话，那么 20 年、30 年后，米老鼠依然会深受消费者的喜爱，这就是迪士尼所拥有“机制”的强势所在。

让我们再通过别的实例来加深一下理解。我们可以来分析一下可口可乐这家公司。这是一家以碳酸饮料为主要产品的巨型跨国公司。那么支撑可口可乐经营收益的主要机制是什么呢？在众多见解之中，我认为“压倒性的规模”才是真正确保可口可乐实现可持续发展的最关键机制。假设我现在想创办一个“Morioka Coke（摩瑞克可乐）”与可口可乐展开竞争，相对于在全世界范围内从制造到流通各环节都拥有压倒性规模优势的可口可乐来说，作为挑战者想要真正构建起一套盈利模式是极为困难的。在可口可乐超大规模支撑下的成本结构面前，对手不可能以相同的消费者价格以及同样巨大的市场营销投入在与可口可乐的拉锯战中幸存下来。所以作为小厂家的“Morioka Coke”真的想做的话，也只能另辟蹊径挑战别的价格带和品类，找准一个独特的细分市场去打造自己的品牌。但这样一来，想要在世界范围内与可口可乐展开竞争的初衷就不成立了。

其实如果真的想要推翻可口可乐的统治地位的话，就必须下决心投入巨大的资金并做好长期亏损的准备，在品牌成长为能够与可口可乐相抗衡的对手之前只能坚持。但是，这种巨大的风险是那些精明的资本家们所不愿背负的，这就是为什么可口可乐在业界一直没有一个像样对手的原因。同样这也是百事可乐等品牌在竞争中持续受挫的根源所在。支撑可口可乐可持续发展的，其强大的品牌力自不必说，让潜在竞争对手望而生畏的“规模”同样起到了非常关键的作用。而在市场需求方面，只要人会口渴且世界人口持续增加，可口可乐的市场需求就会依然旺盛。当你用稳定性为标准去甄别就职公司或严选投资对象时，像可口可乐这样的公司就是一个很好的例子，它会告诉你应该去选择什么样的优质公司。

先前我们已经分析过了 2010 年时点的日本环球影城在市场需求方面的状况。最后，再让我们来分析一下当年日本环球影城未来的市场份额又会是什么样吧。之前提到，随着关西地区未来人口的不断减少，市场需求将缩减至现有规模的 86% 左右，“死兆星”高悬。那么在能够影响市场份额增减的机制方面，日本环球影城又是何种情况呢？

首先，对于总投资额在 2 000 亿 ~ 3 000 亿日元的日本环球影城来说，在市场逐渐萎缩的关西地区出现一个能与之匹敌的主题公园的可能性极低。之前有传言说要在原来大阪世博会用地的土地上建一个派拉蒙主题公园，但很快就没人再提了，也就是说在可预见的未来，日本环球影城仍是大阪地区独一无二的存在。在这一前提下，通过分析 2010 年全年客流可以推测出在市场份额方面未来发生崩盘的可能性不大。

这一分析是站在 2010 年时点上进行的，所以当时还有一种可能性没有被纳入考量，即大阪综合型度假区的建设计划，一个具有相当规模的高品质主题公园在自己的卧榻之侧拔地而起，这就是现在日本环球影城最害怕发生的剧本。一旦大阪综合型度假区建成，两者间的“厮杀”将给集客带来巨大的影响。当然也存在品牌经营方通过这种相乘效应达成共赢局面的可能性，但这对于经营者的要求实在太高了，基本无法实现。

现在再让我们反过来审视一下日本环球影城市场份额上升的潜力有多少吧。其实在做这种关于市场份额的调查时，想要完全从外部进行把握是很困难的。即使是专业的从业人员都经常需要通过支付调查费来获取一些信息，所以对于一个学生来说就更为困难了。但是这并不意味着无计可施，其实只要有一些公开的信息再加上自己的智慧，通过找到一个可对比的对象（对标）就可以大致推测出一个企业在市场份额方面的提升潜力，虽然不那么精确，但已经足够说明问题。

假设日本环球影城的市场份额可以提升至很高的水平，那我们就可以拿它来和东京迪士尼度假区做一下对比。首先，日本关西地区和关东地区的人口比率约为1:3，我们假设日本环球影城现在瞬移到了关东并且维持在关西时的市场份额，那么这时日本环球影城的年客流就会变为700万的3倍，达到2100万人。而当时东京迪士尼度假区的年客流大概在3 000万人。那么我们就可以推导出，日本环球影城在关西地区的市场份额水平是迪士尼度假区在关东地区市场份额水平的约2/3。也就是说，如果日本环球影城发生奇迹，使其品牌影响力变得和东京迪士尼度假区一样强势，那么随着其市场份额的提升会将集客拉高到现在水平的1.4倍。

补充阅读

关于大学生求职时能够运用外部信息分析到何种程度这一问题，下面我们可以再将分析的档次提高一点。前面我们通过分析该商圈所覆盖的人口来推算市场需求时，其实年客流中包含了一部分使用“年票”的游客，也就是说存在人数重复计算的问题。所以为了计算出关西本土的真正集客数，从根本上来说应该要统计一年之中来玩的游客中到底有多少张“不重复的脸”。当时日本环球影城作为上市企业发布了有价证券报告书（不仅是日本环球影城，只要是上市企业都能在其网上查阅该报告书），其中有数据表明在过去几年中，平均年客流大约为800万人，而使用年票重复入园的游客大约有260万人次。基于这一信息可以推算出，来自关西地区的真实不重复游客数应为350万人左右［计算逻辑如下：首先，关于日本环球影城集客的关西依存度。根据当时东方大陆公布的数据，东京迪士尼度假区的总体集客中，关东游客占全体的65%。而日本环球影城由于有便宜的年票可供购买，所以我们可以假定关西地区的游客比例应该更高，占到7成左右。所以我们可以得出关西地区的集客数＝800×0.7＝560（万人），而使用年票入园的有260万人次，进而可以算出使用普通门票的人数为560－260＝300（万人）。其次，关于有多次持有年票的数字并没有公布，但我们可以依据年票的销售价格进行推断。如果一个顾客购买了年票，那么根据售价想要回本的话，至少一年要来玩3次才行。现在我们可以假设年票持有者的年平均入园次数要高于3次，暂且将其设定为5次，那么一年中使用年票入园的不重复真实游客数即为260÷5次=50（万人）。也就是说，当时日本环球影城的关西地区集客的不重复真实人数为560－260＋50＝350（万人）]。另一方面，东京迪士尼度假区由2个园区构成，拥有一年3000万人次的客流。现在我们有了迪士尼来自关东地区游客的比例，只要再考虑一下一天之内同时进入迪士尼乐园和迪士尼海洋公园的重复人数，就可以算出迪士尼关东地区集客的不重复真实人数。具体计算逻辑是，东京迪士尼关东地区集客比例为65%，而年票使用人数由于太少可以直接忽略不计（东京迪士尼与日本环球影城不同，由于年票价格较贵，所以买的人极少），接下来将同一天内2个园区都入园游玩的游客占比设定为两成（由于这一数据实在是无处可查，所以就采访了周围的30名学生姑且得出了这个占比）。基于以上的这些数据，我们可以得出，东京迪士尼度假区的关东地区集客的不重复真实人数为3 000÷1.2（同一天内游玩2个园区的人数比例）×0.65（关东地区游客占比）＝1 625（万人）。日本环球影城现在350万人的集客水平如果代换至市场规模约为关西3倍的关东市场，那么这一数字将达到1 050万。这与东京迪士尼度假区的1 625万关东真实集客相对照，就可以得出日本环球影城市场份额未来的成长空间约为现在的1.55倍。这和我们之前粗略计算得出的数字可以说是很接近了。即使是这种更为细致的推演计算，学生也能够做到。

下面我们再结合市场需求的判断完整地分析一遍。一方面，2010年时点日本环球影城的年客流为700万人，在关西市场萎缩的大背景下20年后的市场需求将变为现在的86%；另一方面，积极因素是市场份额的提升潜力是现在的1.4倍。如果说市场份额提升1.4倍变得跟迪士尼一样强势显得有点异想天开的话，我们可以打个折，设定为1.2倍好了。那么在这两者同时作用下会带来何种结果呢？700×0.86×1.2=约720(万人)。也就是说即使品牌力提升两成，但在关西市场整体衰退的影响下，也只能勉强维持与现有水平相同的客流量。

就像这样，看似简单的"粗略分析"实际上却能告诉我们很多信息。总结来说，2010年时的日本环球影城是一家寻求稳定的人绝对不可以选择的危险公司（笑），而且距离日本环球影城开园已经过去了10年，其市场份额想要在一个已经成熟的市场中提升20%并不是一件容易的事。但如若不能实现市场份额的提升，日本环球影城现在700万人规模的客流又会随着关西市场整体的萎缩降至600万人水平。但实际上这一切并不会发生。为什么？假定现在的日本环球影城已经与盈亏平衡点渐行渐远的话，那么在客流降至600万人之前就会破产。对于这种程度的分析，大学生，不，甚至是初中生只要想做都能够做到。只要明确你想分析的是什么，然后去收集分析所需的素材，也就是信息，剩下的基本就是简单的四则运算了。就是这么简单的分析过程，就足以得出当时的日本环球影城并不是追求稳定者的上佳选择这一结论。

实际上在2010年，当时我决定是否要去日本环球影城的时候，我作为一个专业的市场营销者，做了远比上面注释更为复杂的详细分析。但是从大的结论上来说和我们现在做的粗略分析其实是一样的。我接下来所思考的，就是我自己能否改变日本环球影城滑向深渊的轨道。

从市场需求的方面来考虑，要达成这一目标必须要满足以下两个必要条件㊀：第一，在关西市场逐渐萎缩的背景下，必须让日本环球影城脱离依赖关西本地游客的集客“体质”，如果不能将“从全国以及海外吸引大量客流的机制”导入日本环球影城，那么破产关门基本是不可避免的；第二，为了达成第一个的目标，必须要投入巨额的资金，而赚取这部分资金又需要尽可能用不花钱的方法使“关西圈的市场份额急剧提升”，这是成功的前提。

如果上述的两个条件无法达成的话，那颗悬在日本环球影城头顶上的“死兆星”就会落下，到那时候恐怕日本环球影城就要真的从关西的版图上消失了。显而易见，接下来需要我思考的问题就是如何才能达成这两个条件。在自己执掌日本环

㊀ 第一个必要条件催生出了“哈利波特的魔法世界”导入计划。而为了满足第二个必要条件，我们摒弃了“只有电影元素的主题公园”这一形象，设计了专为家庭游客设计的区域，导入实施了如海贼王、怪物猎人、万圣节惊悚之夜、朝背后方向运行的云霄飞车等众多精品项目。关于日本环球影城是如何再一次崛起的，详细内容请参考《日本环球影城谷底重生之路》（角川书店）一书。

球影城的经营重建后，真的能找到一个大的战略使公司顺利存活下来吗？就算被我找到了，战略的执行一定会伴随着改革的阵痛，那么公司在现有体制下能够给我毫无保留的支持吗？这些问题当时一直萦绕在我的脑海中，随后我与格伦·甘佩尔进行了一次长谈，最终，我还是决定加入当时如同一艘逐渐下沉轮船的日本环球影城。在这之后，我成功地改变了日本环球影城曾经一片黑暗的未来，使之成为一家年客流量 1500 万人的主题公园。

如果你追求的是安稳的工作的话，当年的日本环球影城可以说是最差的选择之一。但对于一个市场营销人来说，这却是一个挑战残酷命运、让自己放手一搏的绝佳机会。是否和自己的目的一致是最为关键的一点，当时的我就是这样的想法。如果你找工作或跳槽的最终选择和自己的初心相违背，不管你进入的是一家业绩多么好的公司，也没有意义。如果不能明确自己职业生涯的目的，那么你在做企业分析时的侧重点以及最终得出来的信息，对你来说都是一片模糊的，这一点一定要注意。

说到这里我还想再聊一点重要的“废话”。上文中介绍的“市场需求的可持续性”以及“维持竞争中优势地位的机制”，其实这些视点在股市投资中也非常管用，特别是当你想在中长期投资中收获成功而非短期投机时。在购买一家企业的股票前，强烈推荐你从“需求”与“机制”的角度进行同样的分析，也许会收获意想不到的效果。

如果让我给那些想要运用剩余资金在中长期股市投资中收获成功的人一点建议的话，最重要的就是“选择不卖也行的股票”。其次就是“买入的时机”，去选择那些拥有长期发展所需的“需求”与“机制”兼备的公司，耐心等待在暴跌时购入其股票。这样就可以不必在短期内纠结于买卖的得失。在过去的几十年间，从结果上来看，世界股市的平均年化收益率为7%～8%，虽然上下波动时有发生，但相对于短线交易的阴晴不定，无疑是这种跟随大势获取收益的方式更为稳健。

道理虽然是这样，但我自己却并不炒股（笑）。就凭我这种不搞彻底绝不罢休的性格和我自身的专业，估计也会把运用数学工具的那一套用在炒股上，想必能充分发挥我的能力做出一番成就。但由于我的工作性质让我有很多接触内幕消息的机会，所以为了避免不必要的误会，我主动放弃了炒股。但剩余资金不拿去投资的话对公司也是一种损失，所以我只好通过投资信托的方式交给别人去打理。

但我不炒股的真正原因并不在此。事实上单纯地增加财富这件事从来都不是我的人生目标，因而也无法唤起我的热情。为了赚取超越自身需求的金钱而去做分析等工作，真的让我提不起劲。说得再明白一点，这对我来说就是浪费生命。我除了养家，在其他花费上都会尽可能地按最低标准来，我认为这就足够了。相对于金钱，能够驱使我的最大“欲求”其实是满足我个人的好奇心这一点。绞尽脑汁地想出一个新的战略，然后将它投入实践，看世界会随之发生怎样的变化。就为了见证这让人屏息的一瞬，我愿意倾尽我所有的热情！我甚至觉得我正是为了体验这种兴奋而生。

我认为人人都应该直面自己的“欲求”而纯粹地生活。就我个人而言，可谓在追逐好奇心的人生道路上心无旁骛地一路走到了现在，但同时我也抚养了四个孩子，用在个人兴趣爱好上的钱也刚好够用，甚至偶尔还能“保护”一下我所爱的日本刀。对于生不带来死不带去的钱来说，我认为这就已经足够了。

但我仍然觉得我不知道的东西还太多太多。活到现在 46 年，我对这个广阔世界的认知仍然达不到哪怕一粒细沙的程度。前文中所阐述的那些个人见解，也不过是我行走在这片广阔天地间找到的一条羊肠小道，并将途中领略的风景记叙下来而已。但这些见解究竟是不是客观正确的，我也无法给出一个确切的答案。无论是什么样的人，甚至对于那些诺贝尔奖获得者来说也是一样，未知的世界依然广阔无垠。这样的事实会让你感到沮丧吗？

但对我来说恰恰相反，这样的现实只会让我兴奋不已！反过来说，如果这个世界的大半都被人搞懂并摸透了的话，那么人活着的动力应该会被削弱一大半吧。今天，我仍会因为在日常工作中邂逅一个又一个未知而感到惊讶与感动。虽然看上去是在重复同样的工作，但人生不会两次踏入同一条河流，只要有学习的意志，愿意用智慧与知识的积累去拓宽自己的世界，这个过程将其乐无穷。只要还存在对知识的好奇心，我未来的人生仍将熠熠生辉，仍将充满乐趣！当然，这只是我个人的世界观，但人生不就是一场不断享受未知、不断开拓世界的旅程吗？

那么，你将如何定义自己的人生呢？在志向明确之前，大可去烦恼，去好好纠结。但我只愿你能够诚实地面对自己的“欲”，带着纯粹的初心一往无前地在人生路上走下去。

第3章

如何认知自己的长处

Chapter Three

03

对你来说，这一章的内容可能尤为重要。我想在这一章中就如何制定职业生涯战略做一个总结。对于还不知道做什么好的你来说，希望能够通过这章的内容，为你揭示一些思考方法，让你得到一些知晓自身特征、强项与弱点的线索，然后我会教给你如何通过建立“假设”，来搞清楚究竟应该选择何种职业。

在你读完这一章之后，你也许会有“啊，原来应该按照这个思路去思考”的领悟，也可能会有“这样真能行得通吗？”的疑问，没关系，有这些思考都是好事。说到底，职业生涯战略根本用不着搞得那么精致复杂，也无须小题大做。反过来说，战略规划如果不能做到简单明了的话，也无法落地执行。接下来我将具体说明何为“职业生涯战略框架”，和你一起来规划一条通向未来的康庄大道。

先把目标建立起来

“假设”的目标也可以

职业生涯战略落脚在“战略”两字上，所以只有先给你的职业生涯定义一个目标，战略才能真正发挥作用。没有目标的战略无异于空中楼阁，没有任何意义；没有清晰的目标也无法制定出有效的战略。不要害怕目标在将来会发生变化，也不要害怕现在脑海中的目标只是一个模糊的设想，去尽你最大的努力，先建立一个你在当下所能想到的最好的“职业生涯目标”就好。

本来，如果你有想实现的“梦想”的话，那么就相当于你已经有了从概念上讲最为“优质”的“人生目标”，接下来就应该将如何实现它作为出发点去规划你的职业生涯。按这样的逻辑，你的“职业生涯目标”应该自动就被确定了。但是现实中这种情况却并不常见，事实上无论是将来的梦想、想要去尝试的新事物、真正想做的事业，甚至连要不要结婚都时常让我们陷入烦恼，让人犹豫不决。

我们可以试想一下，每当我们被问到“今晚想吃什么？”这一问题时，恐怕在大多数情况下都回答不上来，更别说当别人一本正经地问你“在漫长的人生旅途中，你最想实现的目标是什么？”这样严肃的问题，我想能够很明确回答上来的人应该是极少数。而通常情况是，在考虑自己的将来时总觉得是一团浆糊，根本搞不清楚究竟想做什么，但选择却又多到让人无所适从。结果到了要找工作时只能定一个当下看起来最适合自己的“暂定目标”，宛如一个临时搭建的突击工程。

但在我看来，这种“暂定目标”其实也可以。因为在不远的将来，目标和计划都有可能发生变化，所以有一个作为基础的大的目标肯定是一件好事。这时候你可能想问，反正将来很多东西都会变，现在做这种突击工程式的努力真的有意义吗？我觉得意义主要有两个：第一个是不后悔；第二个是连贯性。

对于自己今后的人生道路来说，如果我们的每一步都是经过思考后的决定，想必这样的步伐会迈得更加坚定和自信。当经历了许许多多后回望来时路，也会因这一路的足迹而感到心安且不留悔恨。相较于那种走到哪儿算哪儿，遇到任何事都把自己的行动交由感觉和神经反射来决定的行事方式，肯定是有暂定目标的指引会好很多，因为哪怕是暂定的，它也可以在一定程度上帮你确定思考的优先顺序，让你的行事更有章法，走的每一步都更接近目标。

另一个连贯性指的是，当你在一个相对明确的大方向上不断前进时，你在职业生涯纵向上的积累就会变得更加容易。当然，暂定的目标突然发生变化，调转 180°朝着完全相反的方向发展的话，这一条就不适用了。但作为既定的人生目标，在活了 20 多年的情况下（目标没达成倒是常有的事），突然发生变化转向完全相反的方向，这样的事发生的概率无疑是很低的（像这样的人很少）。因此，哪怕是稍显朦胧的目标也罢，尽早地设定目标然后在这一方向上不断积累，培养职业生涯的专业性，就像存钱一样，越早开始，将来得到的就越多。这就是所谓的连贯性。

顺便一提，“你的人生目标是什么?”这样的问题在面试中经常会被问到，估计这也是所有参加面试的人都会提前准备的问题。当年的我也一样，在找工作的时候绞尽脑汁地思考当下暂定的“人生目标”以及相配套的“职业生涯目标”，然后再根据自己应聘的公司有点生搬硬套式地制定出最像样的“为什么选择贵公司”的理由（笑）。

如何找到目标的思考方法

所以，先给你的职业生涯暂定一个目标吧。那么，这个目标具体该怎么定呢?这时候如果立马在脑海中搜寻诸如“想做成的事”“想尝试做的事”等具体的事，就很容易钻进死胡同，这与问自己想从事什么工作、进入哪家企业一样。虽然说人想象具体的事会更容易一点，但在还没有一个明确判断基准的前提下，从一个一个具体的事上去考虑的话，其实反而将自己的思维困在了一个狭窄的空间里，这也是这种思考模式不怎么好用的原因。

这里我推荐的方法是，先不去考虑具体的事，而是先思考一下处于一种“怎样的状态”会令你感到开心呢?也就是从描绘未来的理想状态开始发散你的思维。这也是我在市场营销业务中因目标设定而烦恼时经常使用的一种“脱困”方法。如果你正因为目标设定不知从何下手而烦恼的话，请一定要试一下这个方法。下面我想就这个方法再进一步做一些说明。

比如说，现在有一个人，他完全不知道自己想做什么，也不知道应该如何思考。正处于烦恼之中的他如果一味地问自己“我究竟想从事什么职业？”，这样的过程想必是十分痛苦的。这时候的他其实不该这样想，而是应该尝试去思考“当自己处于一种什么样的状态时才能开心呢？”

就在刚才，我拿你还在上初中的弟弟代替这个“他”做了一次“人体实验”（笑）。

首先，从大的方面去考虑，在你成为大人之后怎样才会开心呢？为了获得幸福的人生，你需要处于一种什么样的状态呢？你弟弟的回答是：“嗯，我觉得最开心的还是成为自己家庭的顶梁柱。”（儿子啊！你长大了！）接着，我请他再对这种“状态”做进一步的描述。关于自己的家庭，你希望自己的妻子是一个什么样的人？有几个小孩你最开心？（你弟弟说他想要 3 个小孩，难道是跟我一样想同日本的少子化做斗争？加油吧！）那么，要负担起一个 5 人的家庭又是一种什么状态呢，等等，通过这一系列的问题使他脑海中“长大成人后的开心状态”变得更加清晰起来。

在将“理想状态”挖掘出来之后，下面就可以针对要实现这一理想状态需要做哪些“具体的事”进行思考。想要成为那个能够抚养 5 人家庭的开心的自己，要达成哪些条件呢？你弟弟的回答是：“那肯定是要有一定的赚钱能力，不是吗？”我又问：“那么想要具备一定的赚钱能力，又需要做哪些事才能实现呢?”就像这样一层一层地进行分解解读。

在我的引导下，作为初中生的你弟弟得出了这样一条路径：为了具备一定的赚钱能力，就必须要从事适合自己、能够赚钱的工作，而工作机会的获得就需要有相应的能力作为前提，如果再有一纸名牌大学的文凭的话，就能在竞争中占据有利地位。为了让自己在20岁出头的时间点上具备竞争力，最好进入一所能真正学到东西的大学，而为了考上这样的大学，又最好能够在一所升学率高的学校度过自己的高中生涯，综上所述，最好现在好好学习。

其实本来说教的内容我都想好了，即“早日找到自己的‘法宝’并不断予以磨炼才是实现理想的最短路径。上高中、考大学、找工作都不过是磨炼自身法宝的手段”。但话到嘴边又觉得你弟弟给出的答案也还行（笑）。

对他来说，现在暂定的人生目标就是“成为一个能养家的人”，为了实现这一目标，相匹配的职业生涯目标就是“具备一定的赚钱能力”，在此基础上制定的战略是“第一步：进入能够考上好大学的高中；第二步：考上能够找到好工作的大学；第三步：找到一个待遇不错、适合自己的工作”。虽然这一系列的路径规划缺少对自身适应性的判断与分析，但已经足够说明，即使是初中生也能够从自己未来的梦想中提取出目标，然后制定战略与战术，层层分解落实到当下的行动上去。

虽然从内容上看还很粗略，但这与你所要做的事从根本上来说是一样的。

再举一个找工作的实例，主人公就是当年找工作时的我。当时的我也对自己的将来感到十分迷茫，对于找什么样的工作、进入什么样的公司完全摸不着头脑。只有一个模模糊糊的简单想法浮现在脑海当中，那就是在只有一次的人生当中，我想成为那种能够带领很多人做大事的领导者，这就是我认为痛快的人生。如果要问哪种人最符合我的这种理想设定，我立马想到的就是“成为经营者”。于是，为了享受“痛快的人生”，我就把“积累经营者所需要的经验和技能”暂定为自己的职业生涯的目标。之所以像这样从理想状态进行延伸思考，说实话也是受限于当时的思考线索实在有限。

这种锚定理想状态让想象不断“膨胀”，然后再逐步细化分解的思维方式，其实对职业生涯的规划很有帮助。可以把它叫作“理想状态发散法”，也就是从充分条件向必要条件进行推导的过程。只要你能想象出目标达成后的状态，那么顺着这条线索往下探寻，构成这一理想状态的要素就会更加具体地浮现在你的面前。所以即使是暂定的也没关系，朦胧的也不要害怕，我希望你能结合自身情况认认真真地思考你的“目标”。10年后、20年后的你会是什么样子？你处于一种什么样的状态下才会开心呢？

如何找到自己的长处

确定了暂定的目标之后，接下来就必须要制定具体的战略了。而对于制定战略来说，最重要的就是如何认知自己所掌握的资源（在商业层面，主要有人、物、钱、信息、时间、知识产权这六种主要资源）。所谓战略，其实就是资源分配的选择。根据手上拥有资源的不同，制定出的战略同样千差万别。所以，为了使自己的职业生涯战略更加明确，首先要对自己拥有的资源有清晰的认知。那么对于你之前制定的暂定目标，想要达成它，你最有力、最重要的资源又是什么呢？答案只有一个，那就是你这个“人”内在的“强项”。

因此，如何更早地发现自己的强项，意识到可以将它作为自己的武器并不断加以磨炼，是决定职业生涯前途光明与否的关键因素。如果不能很好地认知自己的强项，当然也就无法使其得到充分发挥，也更谈不上进一步提高。基于这一重要性，我想将寻找自身强项的方法做一个总结。

“强项”必然蕴藏于你喜欢做的事情当中

找到自己内在的“强项”对于很多人来说并不是一件简单的事。但如果理解了我说的这种方法的话又没有想象中那么难，所以不必担心。我想先阐述一下这种方法的核心理论。所谓的“强项”，就是“自身‘特质’与能够使其充分发挥之‘环境’的组合”，这在前文中也有过论述。现在我们可以基于这两者的组合来逆向推演一下。

因为要想一上来就抓取出一个人的“特质”是相对困难的，我们可以从更容易想象的“环境”入手，这样可以更加简单地寻找到我们想要的特质。也就是说找到“强项”的最佳捷径，就是不断列举在一系列社会活动中让你觉得舒服的环境（做你喜欢做的事）。在这样的环境中你的特质在很大限度上就已经转化为强项并且正发挥着作用。

让我们试着去思考一下，自我们降生起直至今日，我们都在实践着天文学概念上近乎无数的“动词”。在一个个动词的实践过程中，有好的结果也有坏的结果，同时你也在不断接受着这个世界给你的反馈。如果你跟别人说话并得到了良好的回应，你自然会变得愿意与人交往；如果通过你的思考帮到了别人，你也会慢慢喜欢上思考这件事。这种无意识中从小到大积累下的经验与记忆就决定了你现在“喜欢做的事”与“讨厌做的事”。

可以说，你如今的好恶就是与生俱来特质的反映，而你喜欢做的事其实就是在你过往的成长环境中，能将你的个人特质转变为强项的集合。在每个人庞大的实践数据中，我们会根据个人经历，按喜好选出自己“喜欢做的事”，这些事无疑都给你带来过美好的体验。正是这些动词为你过往的人生带来了良好的结果，也将在你未来的人生中持续施加积极影响，也就是说，它们就是你的“强项”。

所以，现在可以试着把你至今为止喜欢做的事都写出来看看。但注意这里需要的不是你喜欢的“包”或者“匕首”这样的名词，要的是“动词”。另外需要准备的东西也很简单，只需要大量的便利贴（大拇指宽度的便签2～3叠就够了），还有就是A4大小的纸4张（在纸的左上角分别写上‘T’‘C’‘L’‘其他’）和图钉就行了。

将你喜欢的行动或者动词写在便利贴上，最少写50个，如果可以的话你甚至可以写100个。写完之后就一张一张地将它们贴在你的桌子、架子或者墙上。注意写的时候不必深思，就把自己喜欢做的事用带有“动词”的表现形式写出来就行了。

下面我们来实际操作一下。

你已经写出一大堆动词了吗？如果你能写出的数量还不到几十个的话，可以请了解自己的家人和朋友帮忙，问问他们“我在做什么事的时候特别来劲？”。还有就是可以看看老相册和视频，看看小时候的自己，去回忆一下在成长历程中，什么时候感到特别充实，做哪些事情时觉得特别有趣，无论重复多少遍也不会腻的事有哪些。此外，如果有特别喜欢的兴趣爱好或者热爱的社团活动的话，那么自己在这些活动中对哪些部分特别沉迷？通过搜寻过往的回忆，应该能够找到更多的动词。

顺便提一下，随着便利贴数量的增加，你会发现所写内容会越发相似，重复的部分也会增多，但这是正常情况，不用在意。比如说，"喜欢思考运动会的骑马战项目如何取胜"与"喜欢思考如何让自己所在的篮球校队在地区大赛中取胜"，这两者反映的都是"喜欢思考作战策略"。这没什么问题。像这样将同一个动词所展现的两种使人开心的场景可视化出来其实是非常重要的。所以便利贴最少也要写够 50 张，不要担心会重复，因为在正常情况下肯定会有重复出现，请你一定要大胆地写。

既然活了 20 多年，那么你的强项一定就蕴藏在你喜欢做的事情中。你目前为止的成功也都来源于你的强项。而你今后的人生仍然会受其影响。如果你是一名上班族，那么公司付给你的工资并不是为了褒奖你为克服自身弱点而付出了不为人知的努力，而是付给了你做出的业绩，而业绩的产出往往来源于你自身的强项，所以事实上公司花钱买的是你的"强项"。在你明白这个道理之后，如果想要提高你的年收入的话，那么就去延伸你的"强项"吧，如果你想获得职业生涯的成功，那么就更需要你去不断磨炼精进！这一切都始于你对自身强项的认知。

T 型人、C 型人、L 型人

接下来，让我们将写出来的动词进行汇总并分类。能够成为“强项”的特质有很多种定义，但这些定义如果分得太细，就会使整体变得复杂而抓不住重点。因此，我将社会上人所拥有的强项（特质）大致分为三类，下面就让我们从大方向上来理解这三类特质。这一分类方法对应的并不是无数种职业，也不是针对某一职业所需要的专业技能，而是对所有职业来说都很重要，作为商务人士的 competency（基础能力）来进行的分类。

这三类分别是：T 型人（Thinking）、C 型人（Communication）、L 型人（Leadership）。T、C、L 是所有职业岗位要求的基础能力。举个例子，这就跟运动员的身体能力是一样的。无论是足球、棒球还是体操，这些运动各自竞技水平的提升都要建立在运动员的身体能力上。身体能力越强几乎在任何运动项目上来说都是越有利的，相同的，T、C、L 三方面的基础能力越强的话，无论从事何种职业，你学习掌握专业技能的水平上限就会越高，获得成功的概率就会更大。

T、C、L 这三方面的基础能力无论哪一个对于职业选择来说都是非常重要的，但根据个人各方面能力的差异肯定会有适合的职业选择，相反肯定也有不适合的职业，如果某方面的短板对于某一特定职业来说是致命伤的话，避开就好。简单来说，对于那种十分不擅长与人交流甚至有对人恐惧症的人来说，肯定不能选择销售类的工作。再比如一看见数字就会出荨麻疹的人，这辈子估计就和财务类、会计类的工作无缘了。如果在身体能力方面有很优秀的耐久力的话，最好就老老实实地选择长距离项目更容易出成绩。用斧头刮胡子，或者用剃头刀来锯木头，这些行为无疑是一种莫大的浪费。

但话说回来，无论你选择何种职业，T、C、L的能力在某种程度上又都是必需的。就像这个世界上根本就不存在完全不需要T的工作，如果T是一块短板的话，那么无论你做什么工作都会拖你的后腿。同样你也找不到完全不需要C的工作。完全不和人打交道在职场中几乎就是个伪命题，如果一个组织中存在一个极度缺乏社会性的人的话，那么他会有很大风险因为人际关系而崩溃。而L，并不是只有管理岗位和创业者才需要。L代表的能力是你对于这个世界能发挥出多大的影响力。就算真的有L为零的人，那么这将会是一个完全没有自我、只会听别人安排行事的人，而这样的人一定会沦为可有可无的角色。所以，如果想要获得成功的话，那么这几种能力在某种程度上都是必需的。

T型人：思考力/战略性为其强项

典型动词：“喜欢思考”“喜欢解开问题的答案”“喜欢与人探讨”“喜欢为赢得胜利制定策略”“喜欢分析”“喜欢学习研究”“享受预测准确的成就感”“喜欢用最小的努力换取最大的成果”“喜欢玩战略游戏”“喜欢想别人所不敢想”，等等。

典型爱好：T型人的兴趣主要体现在满足其旺盛的求知欲

上，并且很多兴趣都是用于放松自己过热的大脑。T 型人在好恶与爱好上有着明确的界限和定义，最具代表性的爱好应该还是战略游戏。他们总是通过智能手机、PC、主机游戏等途径打发时间，相对于单纯的只使用反射神经的游戏，他们更喜欢用“作战”的方式赢得胜利。这些人喜欢象棋、国际象棋、围棋等也是出于同样的理由，还有喜欢读书和编程的人，很多人都把研究自己感兴趣的领域作为爱好。

典型倾向：T 属性的本质是运用自己的思考力来解决某一课题，以此来满足自身的求知欲并获得成就感。当这一类型的人闲下来的时候，他们会无意识地给自己设定一个课题，然后动脑来解决它，以此获得娱乐效果。他们喜欢沉浸在各种思考之中，喜欢就一个课题进行极其深入的研究，也喜欢玩战略性很强的游戏来打发时间。喜欢数字的人甚至会在堵车时，盯着前面车辆牌照上的数字玩消除得 0 的游戏，而往往这一类的行为都在无意识的情况下进行的。T 型人习惯在行动前先思考，他们之中有很多爱操心的人，也经常因为考虑太多而在很多事情上缺乏冒险精神。在别人看来会有种“爱抠死理”的印象。

大多数人在自己喜欢的领域都愿意去做彻底的研究，这有时会给人造成一种爱思考的假象。其实这种行为与 T 属性还是有本质区别的。这种区别就在于是“喜欢思考”，还是单纯地只是“喜欢接触自己所喜爱的事物的相关信息”。例如某个人很喜欢杰尼斯的艺人，于是沉迷于收集各种各样的相关信息，但这算不上是 T 属性，只能说这是对某一种商品的喜爱。

T 型人不会满足于被给予的信息本身。因为他们不动脑就不会感受到快乐。他们会基于自己感兴趣的事物为自己设置“研究课题”，享受思考本身的乐趣。如果他们有自己喜欢的艺人的话，应该会无意识地展开研究，例如“最近他的曲风虽然有所转变，但未来会朝着什么方向发展呢?”，再比如“他如果想更成功的话，应该更换唱片公司，最好再改变一下在媒体前的形象”，等等。也就是说他们喜欢课题，更喜欢自己解决课题。

C 型人：传播力/与他人建立联系的能力为其强项

典型动词：“喜欢交朋友”“喜欢与人会面”“喜欢说话”“喜欢听别人说话”“喜欢在社交网站上与多人互动”“喜欢置身于人多的场合（派对和聚餐）”“喜欢将一个人介绍给另一个人”“喜欢听和传播小道消息”“喜欢追求潮流单品并把自己打扮得很时尚”，等等。

典型爱好：C 型人的爱好总逃不过建立人脉的范畴。他们对诸多事物都抱有兴趣，重视与他人的联系以及自身社交性的满足和进一步提升。在 LINE 以及 Instagram（照片墙）等社交平台上活跃的，一般都是 C 型人。还有所谓的“社交达人”也是典型的 C 型人。他们中的有些人为了拓宽人脉去学习茶道礼仪，能如鱼得水地在打高尔夫球、旅行等社交场合及活动中积极地与他人交往并享受这一过程。此外，C 型人还非常在意别人对他们的看法，他们中的很多人都对时尚有很高的要求，对居酒屋、一般人不知道的美食、旅游信息等都了若指掌。

典型倾向：C型人的总体特征是具有较强的沟通能力及社交性。与别人良好相处，拓宽、加深与他人的联系是他们生活的动力。他们表情丰富，富有魅力，擅长表达也乐于倾听，能给人留下上佳印象又进退有据。当然对于C型人来说也存在应付不来的人，他们也会因为人际关系而烦恼，但能够驱动他们的根源就是“与人建立联系”的意愿。与T型或L型人相比，他们总能让人如沐春风，将对方“拿捏”得恰到好处，这种能力真是让我好生嫉妒。

如果我们突然收到一张来自不那么熟的朋友的结婚请柬，是我的话肯定会觉得“真麻烦……”，但会真诚地感到开心的就是C型人。他们重视与他人的联系，认为拥有广泛的人脉是自身价值的证明。对于收到的结婚请柬，他们会认为这是对方重视自己的表现，这种自我肯定感的增加是“感到开心”的真正原因。

C型人完全不抵触人多的场合，与初次见面的人一同工作也丝毫不会觉得难受。他们可以迅速和别人搞好关系，赢得他人的好感，这与他们从小就建立起与人相处的自信很有关系。这种自信的存在会让他们更加外向、积极地参与到社交中去。而对C型人来说，能在需要的场合下说出“我跟XX是熟人”“我跟YY是好朋友”这种话很重要。不管你是否喜欢他们，无法否认的是，在周围人眼中，他们总是“八面玲珑”，充满魅力，并且是在集体中很受欢迎的人气角色。

L 型人：变革力/驱动他人的能力为其强项

典型动词：“喜欢目标达成的感觉”“喜欢设定较高的目标并发起挑战”“喜欢自己拿主意”“喜欢带动别人的感觉”“在集体中喜欢担当负责人的角色”“喜欢在自身正义感的驱使下冲动行事”“喜欢照顾后生晚辈”“喜欢与人谈论梦想”“喜欢给别人鼓劲打气”，等等。

典型爱好：L 型人将品味成就感作为人生价值，这一点也反映在他们的兴趣爱好上，而这些兴趣爱好大多是禁欲式的。就具体爱好来说，虽然会和 T 型及 C 型人有所重复，但当这类人在进行体育运动或者户外项目时，由于执着于追求“成就感”的特性，所以总是显得比一般人更加疯狂。如果硬要说他们在兴趣爱好上有什么倾向性的话，我想应该是他们喜欢能够找到明确挑战目标的爱好。比如跑步、马拉松或者健身都是他们比较常见的爱好。我们会发现在挑战铁人三项的人群中有很多都是经营者，这或许就是因为其中 L 属性的人占比较高导致的。就算不是强身健体类的爱好，能让 L 型人感兴趣的爱好都必须具有一定挑战性和深度。如果某项兴趣爱好只能让他们感受到有限的成就感，或者因难度太高根本就感受不到成就感的话，他们就会败兴而归，从此不再问津。在同行眼中的他们都很厉害，但同时又觉得他们这样实在够累的。

典型倾向：总的来说，L型人最喜欢的是挑战与实现目标。他们将通过自己的行动为世界带来良性变化作为自己存在的价值。虽然根据自身经验的多寡能够承担的人生风险存在差距，但相较于T与C型人，L型人并不会因背负风险而觉得过分沉重。他们喜欢挑战，所以不光有成功的经验，失败的挫折也是他们值得骄傲的勋章，L型人中有很多都是精神坚韧之辈。

L属性的人在集体中经常作为耀眼的领导者存在，只要有人聚集在一起，不知道为什么他们总能担任领导。根据某项调查显示，这种领导力的才能是从一个人小的时候就开始萌芽的。他们中的很多人都在上学的时候就频繁地担任学生会长（副会长），在社团活动中担任队长（副队长），在班级里担任班长（副班长）等照顾他人、统率团队的职务。就算在氛围相对轻松自由的大学里他们也会自然而然地成为领导者。在过去担任过这种角色次数的多和少，是判断一个人是否属于L属性的相对简单的方法。

L型的人在性格上有喜欢“占山为王”的特点。这与权力欲多少有点关联，但在根源上还是来自于以自我为中心去转动世界的意愿。而如果在团队中他们恰恰被赋予了能够让他们如愿以偿的职责的话，他们往往愿意为了集体利益而不顾个人得失，甚至会为了心中正确的事粉身碎骨。他们具有强烈的目标意识，不会因为小小的困难而消沉、气馁。为了达成目的，他们会将周围的人扛在肩上向前迈进。

是茄子就要当个优秀的茄子

你的强项是什么?

把刚刚写到你喜欢的"动词"的便利贴按照与三种类型的相近程度进行归类，把它们全部贴在之前准备好的三张纸上。如果遇到怎么看都不属于这三种类型中的任何一个的情况，把它撇除开来也没关系。像"喜欢睡觉""喜欢吃东西"这种大家都喜欢的无关 T、C、L 属性的"动词"，就可以把它归类到第四张"其他"的纸上。注意在归类时切忌想太多，只要明确倾向性就行，只管往上贴就好了。

在结束对 50～100 张便利贴的分类后，贴着最多便利贴的那张纸很大可能就代表着你的属性。从经验上来看，近八成的人的便利贴会非常明显地集中在 T、C、L 中的一项上。而分别集中在这三项上的人数比例大致是 3:3:1。事实上 L 属性的人是比较少的。此外，集中在两项属性的人也有，甚至有少数人的便利贴会平均分散在三项属性上。

集中在一项属性上的人有着极其鲜明的强项，所以其职业生涯的轨迹规划应是十分明确的，要毫不犹豫地去选择匹配自身属性的专业领域和能够锻炼专业能力的工作。集中在两项属性上的人（我也是这样）有很大可能在两方面都很擅长，但剩余的一个属性也很有可能是严重的短板。建议考虑如何将自己的两个强项结合起来，变为自己的武器，以求在今后的职业生涯中获得成功。

那些便利贴平均分散在三项属性上的人乍一看好像没什么特别突出的地方，但其实并不是这样。他们对周遭的事物都抱有一定的兴趣，甚至无论做什么事都能做得还不错，这本身就是一种极为稀有的特质。但是，就因为做什么都可以，所以总是无法用排除法进行选择。这一类人在做职业选择时会面临比普通人多一倍以上的烦恼。但是，既然具备这样难得的特质，就应该充分发挥这一点，去选择那些对综合能力要求较高的职业，这种选择应该是能充分发挥自身优势的上上策。

番外篇：I 型人

在上面的篇幅中，我大致说明了作为商务基础能力的 T、C、L 三种分类，以及基于这三种分类如何把握自身特质的方法。如果在这之外硬是再增加一个类别的话，我想应该将其定义为 Innovation（革新性）、Imagination（想象力）、Creativity（创造力）等词汇所代表的“能够思考出有趣事物”的范畴，关于这一点很多人应该都有跟我相同的看法。我可以先暂定将拥有这一特质的人称为“I 型人”。I 型人拥有天马行空的想象力，常常有惊人的创意，能想到那些乍一看谁都能想到但谁又都没想出来的点子，喜欢进行前无古人式的创造。

如果将这种 I 的特质作为创新性思维，也就是“思考力的派生”的话，那么也可以把它归类为T属性的一种。实际上，在我所熟悉的战略构建以及高层次数据分析的世界，这种多角度视点以及思维的独特性正变得日益重要。又若将它理解为Creativity（创造力：萌生新点子的思维能力）的话，也可以将这种能力定义为创作者及艺术家等职业所必需的专业技能。就像对于那些立志进入法律界的人来说，逻辑思维能力就是他们所必备的职业专项技能。

由此可见，这三种大的分类虽然可以更加复杂地细分下去，但分得越细，实用性就会越低，因此还是不要将I型作为第四种分类为好。现在这种注重基础能力的三分法更加简单易用，而且在我们之前进行的分类练习中，I型要素应该也已经被包含在T型之中了。

但在这里我还是想要强调一下I要素的重要性。其实不仅是T型人，L型人也将通过自己的努力为公司带来变化作为自己的存在价值，可以说是把自己的人生活成了“I型人的样子”。在AI大行其道，“侵占”了许多工作的当下，很多只有人才能产出的附加价值就是来源于I的要素。

想要选择能发挥个人强项的职业需要注意什么？

那么我的女儿，你在T、C、L的倾向性上呈现的是一种什么样的结果呢？根据你至今为止的成长轨迹，我猜测应该是非常极端的“T型人”。你的那些便利贴估计会非常集中地聚集在那张代表T型的纸上，就好似耸立的东京晴空塔一般凸出，难道不是吗？以上是我稍显激动的预测。

对于这种极度缺乏平衡的结果，可千万不要有哪怕一丁点的悲观情绪。因为这只是一个为了凸显你内在相对较强特质的一个练习罢了，如果通过这个练习找到了自己特质的倾向性的话，你就可以高呼“万岁”了！无论什么样的特质，都应该积极地去看待它。这些随你一同降生的特质都是你的宝物。

像你这种几乎不存在平衡，在某一方面的属性极其突出的情况也是天才的一种表现。你应该这样想，喜欢思考的自己＝我天生就注定要靠自己的思考能力来决定人生的成败。所以当个无所畏惧、勇往直前的T型人就好了！现在留待解决的，只剩下选择在哪个领域去锻炼自己的力量这一个问题。就你个人来说，“思考力＝思维能力≈问题解决能力≈战略性思考能力”。基于这一前提如何发挥自身所长，发展何种职业能力为好呢？我将通过以下这些内容进行解说。T型人、C型人、L型人，每一类人都有适合自己的职业选择倾向。

适合T型人的职业

以求知欲为燃料，持续锻炼自身的思考力，然后收获更大的成果，让自己的职业生涯进入这样一个良性循环，这是T型人应该遵循的基本战略。对于任何职业来说都大有裨益的T属性，如果想让自己的强项得到进一步凸显的话，建议选择财务类、咨询类、研究类、需要考取职业资格证书的职业、分析类、市场营销类、企划类等脑力劳动难度高、强度大的职业，这些职业能让T属性的优势发挥得更加明显。

对T型人来说，最重要的是选择自己感兴趣的领域作为职业发展的对象。因为即使是喜欢、擅长思考，那也是因为思考的对象是能够刺激自身“好奇心”的领域，如果是自己完全不感兴趣的事物的话，思考这件事本身也必将是痛苦的。T型人中肯定有相较于语文更不擅长数学的人，反之亦有。因此T型人倾注自身智慧的前提必须是选择能激发自身热情的领域，然后再决定具体要锤炼什么样的专业能力。

下面来举几个简单的例子。如果你感兴趣的领域是法律或者法务的话，那么你应该考虑成为法务方面解决问题的专家，具体的路线规划应是取得相应的职业资格（律师、代办师、代书士）进入法律司法界，或者在企业的法务部门积累经验。同样，如果对财务、税务、会计感兴趣的话，就应该取得注册会计师、税务师等职业资格又或者在企业的相应部门积累经验。如果喜欢市场营销的话，就应该以专业的市场营销从业人员为目标进行努力。如果金融是你的兴趣所在的话，就应该在专业划分相对较多的金融业中，找准那个你最喜欢的领域去培育自身的专业性。

如果在与他人的比较当中，你的思考能力真的能超出众人的话，那么可以很肯定地说，这是一个在任何职业上都有先天优势的特质。具有优秀思考力的人因为脑子好使，所以无论做什么工作，其成功的概率都会比一般人更高。他们胜任一项工作所花费的时间更短，做事有章法，不易出错且善于发现工作中的改善点，甚至所学技能的水平上限也比一般人高。简单地说就是在所有方面都占据着优势。这种有头脑的优秀人才在商业世界是各家都争抢的宝贵资源。但越是这样，越要尽早培养战略性思维来提升自己的商业价值。就整个职业生涯来说，也应该尽可能早地用更广阔的视野俯瞰自己的专业领域，如果再有一个能积累实战经验、不断磨炼自身能力的环境的话，无疑是非常幸运的。

T 型人在自己的专业领域脱颖而出后，如果还兼具 L 属性的话，在商界有很大的可能性能够跻身经营层。日本环球影城的前任 CEO 格伦 · 甘佩尔就是一个典型的 T 型经营者。还有曾经与我有过会谈交流的 7 – Eleven 便利店文化的缔造者铃木敏文先生，在我看来也是一位非常突出的 T 型经营者。此外，还有未曾有缘得以相见的亚马逊的贝佐斯，根据其见诸媒体的言行来看，应该也属于这一类型。

适合 C 型人的职业

将强大的沟通能力作为武器，通过与他人建立联系创造新的价值，选择这一类职业并成就卓越是 C 型人职业生涯的基本战略。C 型人在需要与人打交道的各种职业范畴内都拥有全面的优势，其中具有代表性的职业有制作人类、销售类、公关/

广告专家、交易人、连接众多相关方的企划类（广告代理店等）、记者、政治家等，也就是说，在那些靠建立人脉的能力来占据话语权的行业中，C 型人都具有相当的优势。

对于热衷交友与拓宽人脉的 C 型人来说，制作人一类的职业其实最能发挥其真正的本领。制作人相当于连接众人与创意的集线器，能将创意的所有者与制作方的所有专业人士，负责销售计划制订、推广的商务方，出资人银行等资方在内的所有相关方连接在一起，形成一个完整的项目。

此外，适合几乎所有销售相关的岗位也是 C 型人的强项。顺便一提，在 AI 时代，最不易被取代的人群之一，或许就是那些拥有优秀销售技能的人，不是吗？其原因就在于只要购买的主体还是人，那么消费者追求的永远都是安心与信赖。在决定购买的最终阶段，能够直击消费者心理，拿下客户的销售人员，永远是支撑企业收益的“最终兵器”。

也正因为如此，无论在哪一个时代，销售都是需求量最高的职业，一个王牌销售员的年收入超过所在公司的社长也不是什么稀奇的事。而且一旦掌握了销售技能的精髓，就算改换门庭也一样奏效。当然做销售能成功的不一定都是 C 型人，T 型人、L 型人只要能够发挥自身所长，形成自己的销售风格，其实都可以收获成功。只要你不是特别排斥与人打交道，那么销售应该是很多人都应该考虑的职业选择。

除了这种将人与人聚合成网络的能力之外，C 型人中有很多都具有较强的传播力。他们是潜在的演说达人，当然出众的演说能力需要大量的练习及经验做支撑。就算是同样的演说内容，那些能够将内容更清晰明了地表达并给对方带来好感的人，毫无疑问都是珍贵的人才。这些人非常适合企业的公关部门以及一些对外交涉的岗位，也肯定能在那些极其重视客户推广的行业中大放异彩。所以如果具备这样强项的话，完全可以将该项能力不断磨炼到极致，作为自己的“必杀技”，成为一个“没有感情的演说机器”。如果一个团队中能有一个这样的人，那真是一件值得庆幸的事。

适合 L 型人的职业

凭借较强的目标意识，以自己为支点带动周围的人，在团队中实现高绩效目标，不断开拓职业生涯新局面，这就是 L 型人的基本战略。在适合 L 型人的职业中具有代表性的，是在自身的组织综合管理能力、决策能力得到充分锻炼后能胜任的管理者、经营骨干、企业经营者等管理层的职位，此外，从横向来看还适合担任带领团队实现目标的推进者、项目经理、制作人、科研开发牵头人等岗位。这一类人由于在企业内经常兼任类似项目负责人的角色，所以也非常适合往市场营销领域发展。

很多 L 型人都很擅长激励他人并提升其表现。当把一个团队交给 L 型人时，就是他们最能发挥自身本领的时候。他们不仅能统帅好自己直辖的团队，还能将其他关联部门或关键人员裹挟在一起，在朝着目标不断前进的过程中不断提升团队的整体表现。如果你是一个极端“偏科”的 L 型人的话，无论你的职业生涯始于何处，都应该尽早使自己踏上管理岗位，因为爬得越高，L 型人越能大展拳脚。

L 型人擅长以自己为起点发起变革。无论他们身处企业的哪个阶层，也无论他们是否拥有相应的职务权限，他们都会积极地发表自己的意见，期望通过向周围发散自己的影响力将这个世界变得更加美好。他们对自己职责之外的事物也保持关心，重视合作且有担当意识，能仔细观察自己以外的周围环境并查漏补缺。L 属性鲜明的人绝对受不了“等待指示”，而是习惯自主思考并采取行动。他们抵触来自他人的指手画脚，喜欢自己做决定的感觉。此外在逆境中的生存能力亦是他们的过人之处。

以上这些 L 型人的特质，无论对于什么样的工作来说，无疑都是极其宝贵的财富，所以 L 型人本身基本在任何职业领域都将占据优势。他们作为创业者及经营者的成功概率之所以高出普通人，在我看来也都是 L 属性在发挥作用。L 属性的人还擅长用人，即使他们自己并不具备相关能力，也能够按需要将 T 型人、C 型人、L 型人招致麾下开心地为自己工作。L 属性中的优秀者能通过设定愿景，使集体的共同目标得到明确并提升团队成员的士气与干劲，最终实现团队整体表现的不断向上。他们统率的团队越庞大，越能让他们的职业生涯熠熠生辉。

到这里，我们运用T、C、L三分法（见图3-1）大致明确了我们的自身特性，并对职业倾向性做了一定的思考。通过前面的这些练习，你是否已经看到自己未来的前进方向了呢？

Thinking T型人

喜欢做的事
思考，解开问题的答案，与人研讨，为赢得胜利制定策略，分析，学习研究，预测成真

代表性爱好
战略游戏、象棋、国际象棋、围棋、看书、编程

适合的职业
财务、咨询师、研究员、各类专业资格人员、分析师、市场营销、企划

Communication C型人

喜欢做的事
交友，会面，表达，倾听，社交网络互动，加入人多的场合，牵线搭桥，追求时尚

代表性爱好
社交网络，聚会及高尔夫，旅行，时尚，美食情报

适合的职业
制作人、销售、公关/广告、交涉人、广告代理店、记者、政治家

Leadership L型人

喜欢做的事
达成目标，设定目标并挑战，主持大局，掀起变革，自己拿主意，引领他人，承担责任，照顾他人

代表性爱好
跑步、健身、铁人三项、其他能锤炼自身的运动

适合的职业
管理者、经营者、项目经理、制作人、研究开发牵头人

图3-1 T、C、L三分法

是否已经知晓究竟自己有哪些特质，又有哪些特质经过打磨能成为今后克敌制胜的法宝呢？现在有没有摸着一点头绪了呢？

只要具备一定的自我意识，下面要做的就是尽可能多地去了解、调查社会中许许多多的职业。你可以去拜访OB/OG（学长/学姐），也可以向一些熟人打听实际情况，因为问题已经很聚焦了，所以这样的交流是非常有意义的。在这些感觉会适合自己的“众多正确答案”中，先选取几个作为候补，然后再针对这几个选项做细化的调查。这里需要注意的只有一点，就是要明确自己的哪些特质能在所选的职业中发挥所长。只需要排除几个少数错误答案就行了。我想说的就是这一点。

向能积攒专业能力的战场迈进！

看到这里想必你会有这样一个感觉，即让茄子认知到自己就是一根茄子是非常重要的。但这恰恰又是最难做到的。与他人进行对比的话，各种差异很容易就能显现出来，但要问自己是茄子，是西红柿，是黄瓜，还是洋葱？自己的目标是什么，自己究竟想做什么？以上这些问题在脑中完全是一片模糊，然后就这样活了二十几年，我想这就是典型的日本人吧。而我在你这个年纪的时候也是一样的。

如果只是之前的二十几年是这种浑浑噩噩的状态也就算了，但在现实中有很多人就算到了要找工作的时候仍对自己不甚了解，只能随便找一份工作干了再说，每天都忙于处理眼前被分配的工作而渐渐失去了思考的时间和精力，在“无战略职业生涯”的路上越走越远。这一类人如果被问到“你会做什么？”时，他们要过多久才能答得上来呢？

在欧美的个人主义文化中，不管你是否愿意，强调“个体”的教育从小就在家庭及学校里被灌输进孩子们的意识中。但是作为生养于生活资料从无到有、集体共享的农耕民族，日本人却并不是这样。在传统的日本教育中，更多宣扬的是个体如何在集体中自处，以及如何做一名对集体有益的优良分子这一类的道德约束，而旨在促进个体觉醒方面的教育长久以来都处于十分薄弱的状态。日本是当今世界少有的能令国民感到安心、安全且社会诚信度高的国家，这得益于文化教育体系中注重集体主义与道德约束的积极一面。

但现行的这种教育模式从结果上来看，使很多日本人都不知道“自己是谁”，也就是自我意识水平处于低位的人从未真正减少过。自我意识低的父母只能培养出同样自我意识低的孩子，这种循环如今还在持续着。这也变相证明了日本社会对于促进“个体”觉醒的教育 Know How（知道为什么）并没有多少积累。

如果是在昭和时代的话，职业生涯的“轨道”是“清晰”且“牢靠”的，自我意识模糊的弊端在当时的环境中体现得也许还不明显。在那个年代，每个人都在努力学习，每个人都以考取好大学为目标彼此竞争着，每个人都想着要进入一流的大企业，每个人也都在自己的岗位上拼命工作着。因为只要这样，企业就能保证大家一辈子生活无忧。相比于那些喜欢“叽叽歪歪”的个性较强的人，那个时代需要的是大量办事能力强且尽可能“听话”的“齿轮”。由此可见，曾经的日本其实并不需要“个性觉醒”。

但曾经的那个年代早已一去不复返了。一旦那条既定的轨道消失在视线之中，日本人却无法及时从旧的意识及社会体制中脱离出来，最终导致日本在世界范围内的竞争中陷入增长停滞，度过了“空白的 30 年”。此前在世界经济中具有压倒性地位的日本，现如今的人均 GNP（Gross National Product，国民生产总值）早已被新加坡大幅超越。日本上班族曾经的梦想——年收入 1 000 万日元，现在也已经不足以支撑无忧无虑的生活了。根本原因在于日本的相对经济实力下降了约一半有余。简单来说，如果想要有以前 1 000 万日元收入水平的生活质量，现在你就必须得挣 2 000 万日元。现如今年收入 1 000 万日元家庭的生活水平，事实上跟很久之前日本相对富足时期的普通家庭的平均生活水平差不多。也正因为日本正变得越来越廉价和贫穷，所以大量的外国游客涌入日本。入境人流量的激增也映射出日本国力相对严重下滑的残酷现实。

当然你们这一代人是无罪的，我只是想让你们知晓这 30 年来日本已经变得何等贫穷了，然后再去想一想将来又将如何。如果今后日本人还像这样浑浑噩噩下去，还在说着“工作–生活平衡（Work-life balance）”这种梦话，日本还将继续堕落下去。不是还有句话叫作“工作是生活的重要组成部分（Work is an important part of life）”嘛。这本来就是一个二选一的问题，鱼和熊掌自然不可兼得。日本原本就是个资源匮乏的岛国，这样一个国家要想养活 1.2 亿人口，不拼命能行吗？

“勤勉”正是日本人最强大且赖以生存的强项，所以不拼命工作能行吗？如果想要过上富足的生活，最少也要比美国人多付出一倍的劳动才行。关于这一点，其实只要看一眼世界地图，就应该能非常直观地领会到。世界是一个连接在一起的竞争社会。要是靠着悠闲自得的生活就能得到一切，那就不是日本人。那些否定“宽松”教育的大人们，麻烦先反省一下你们自己沉浸在更加“宽松”的环境中自甘堕落的样子吧。都已经连续失败 30 年了，如今的日本人也是时候觉醒并开始拼命了吧。昭和时代的做法已经过时了，平成时代的做法也不怎么样。所以从现在起，我们要具有战略性地进行准备，用强大的精神力量迎接挑战。

自我意识的欠缺在个人竞争层面也会让你陷入非常不利的局面。资本主义就是基于欧美个人主义中的竞争原理建立起来的。如果不知晓自身的长处与短处的话，就会搞不清楚究竟应该将资源集中投资在自己的哪一项能力上。人的精力与体力必然是有限的，而无战略的职业生涯必将导致失败。其原因在于，想在充分竞争的社会中获得职业生涯的成功，必不可少的就是利用自身现有资源进行投资时的“选择和集中”，而所谓的无战略就是指不知道该如何选择并集中资源进行投放。

像这样自我意识还处于低水平的日本毕业生在进入一些跨国公司（比如宝洁这样的企业）后，与那些经历过强烈个人主义熏陶的美国人、印度人中的“精英”相比，很难在真正的竞争中取胜。甚至在日本人挣扎着想要觉醒的过程中，胜负就已经揭晓了。而在现实中，这种日本独有的“日本人问题”正在很多跨国公司中上演着。从本质上来说，这并不是英语能力的问题，问题的根源在于一个人就算拥有很高的智商，却无法采取赢得竞争所必需的行动的话，一切都是徒劳。这就是自我意识水平低导致的“无战略职业生涯”的问题。

想要在竞争中获胜，首先要做到对自己的情况了若指掌，接着在能发挥你强项的众多正确答案中选择一种职业，然后再迈向那片能够积累对应职业经验的战场。如果你要找工作的话，尽量要找那种能够提供你想要学习技能相应岗位的公司。虽然对于刚毕业的大学生来说，很少有公司能够在招聘时约定好具体的岗位，但作为你本人来说，必须要将把你分配到你想要的岗位后能给公司带来哪些好处尽可能地传达给招聘方。因为用人方必然会考虑把这个人放在哪儿才能使企业利益最大化。从专业的角度来看，相比于那些告诉你一开始可能会分配到别的岗位，但将来还是能够转到你所向往部门的那种企业，必然是那些一开始就让你进入你希望的部门并开始积累专业经验的企业更加吸引人。

但是这里要注意的是，当你做决断时是优先考虑专业与岗位的匹配度，还是把其他“轴”放在第一位？这需要每个人基于自身情况来做抉择。如果你觉得在专业匹配性上无法让步，那就把它作为最优先的“轴”去进行选择就好。就像曾经的我一样，当时光有一个想成为经营者的粗略目标，老实说其实不管分配到营业岗位、财务岗位还是市场营销岗位，我都可以接受。如果岗位分配被框定在这三个专业岗位的话，这时候也可以优先根据别的“轴”来进行选择。所以一切都由你的“轴”来决定。

而最好避而远之的那一类企业，就是那些在你接触之后，根本想象不出来自己在其中能学到什么职业技能的企业。在你考察一家企业时，有机会的话你可以去实际采访一下这家企业的员工，问问他们这家企业中30岁左右的员工有多少，他们都拥有怎样的专业能力，拥有什么样的权限，具体在做什么样的工作。如果你得不到明确答复的话，那么很大程度上这家企业并不是一个能够培养专业人士的地方。事实上很多企业都有与之近似的问题，所以一定要小心。每天都在默默地做企业交给你的工作，然后到时间随便轮下岗，明面上说企业是想把你培养成一个能够处理多业务领域工作的多面手，但实际上你在任何一个领域都谈不上专业，只能沦为企业大量生产的“半吊子人才”中的一员。你想把自己的人生交给这样的组织吗？

如果是在以前经济高速增长的时代，这样也未尝不可，因为那时候日本企业的业绩都是一个劲地上涨，但在今天的这个时代背景下，对于绝大多数的企业来说，市场规模上的增长已是过去式，它们必须要在彼此激烈的竞争中取得胜利，在不断缩小的蛋糕上争夺属于自己的那一份，也只有这样才能生存下去。那些能够持续养着一群“半吊子人才”的企业只是少数，而对于这些人来说，它们被企业抛弃的风险每一天都在增加。

在不经意间，20 多岁的日子一转眼间就结束了，30 多岁的时光也会飞一般流逝，40 多岁时你又会感叹时间不饶人，似乎马上就能听见 50 岁正向你走来的脚步声。这之后，在人均寿命不断提高，向 100 岁靠拢的恐怖高龄化社会背景下，退休年限及领取养老金的年限不断延后，作为劳动力的职业人生终点将不再是 60 岁，而是 65 岁、70 岁并不断向后延长。

如果能意识到以上这些问题，其实不管什么时候都不算晚，当然能尽早知晓自然更好。尽可能早地，同时尽可能在你的大脑还处于较为灵活的状态时，带着你的战略去开启一段挑战职业技能巅峰的旅程。能做到这一点的人，比起那些拥有同等能力却做不到的人，在职业生涯的成功率上将拥有压倒性的优势。这之间的差别就好比对方是未经打磨的原石，而另一方是带着明确的意志将自己打磨而成的一颗宝石，两者所绽放出的光芒显然不可同日而语，甚至根本不能放在一起进行对比。两者在职业生涯成绩上的差异显而易见，10 年之后的年收入也必然不在一个档次。相应地如果想要跳槽的话，能摆在面前的选项也是截然不同的。

如果想要成为自己人生的主角的话，就不能使自己陷入行尸走肉者都能悠然自得生活的昭和幻想中，不能将自己的职业选择交由别人来判断，同样不能加入一个根本无法培养出专业人士的组织。作为一个人、一位专业人士，必须要发挥自己的特质，使自己的职业生涯始终行驶在一条正轨上。让自己本就拥有的特质成为自己的强项，得到充分施展。如果当下你所处的环境无法使你发挥出你的优势，那就找到适合你的环境再次努力吧！

在我刚进入宝洁的时候，有位在市场营销本部大我几岁的前辈F哥，他当时给了我很多关照。他本人很有远见，头脑十分聪明，非常善于细致地解读事物的本质且热衷于此，可以说是拥有一种非常独特的“特质”。但他在市场营销本部却老被指责说缺乏领导力，甚至最后被公司下定论说：“你不可能成为品牌经理。”

在这之后他决定在公司内转岗。于是他从市场营销本部转到了主要负责物流的生产管理本部。这反倒成为他职业生涯的重要转折点。他的“特质”在生产管理本部得到了充分发挥，产生了效果炸裂的化学反应。他在非常短的时间内就完成了几桩涉及海外的任务，成为部门的王牌，之后又坐上了工厂厂长的位子，可以说是平步青云。他自己也曾在回首过往时感叹道：“当时被市场营销本部扫地出门真是太幸运了。”由此可见，人的特质与所处环境如果能契合的话，那么一个人发展的可能性将会得到爆发式的提升。

茄子要在适合茄子生长的土壤中生长，其实道理就是这么简单。茄子如果硬要在不适合的土壤里扎根的话，就好比一个茄子想长成黄瓜，这当然是行不通的，最后也只能长成一根蔫掉的茄子。如果是茄子的话，就长成一根优质的茄子，是黄瓜就长成一根优质的黄瓜，也就是说，只要在正确的方向上单纯地叠加努力就好了。精准把握自身的特质，然后不断打磨，接着再找到一个能让自己的强项充分发挥的环境，如果你能做到以上这些的话，你就能像 F 哥一样让自己与生俱来的可能性开花结果。

第 4 章

自我营销！

Chapter
Four

04

面试不紧张的魔法

为什么人会紧张？

你马上就要经历春天的求职活动了，连续数日异常密集的各种面试正等待着你。在此之前，我个人有过求职者的经历，也曾作为招聘方面试过成百上千的求职者。从我的个人经验来判断，你的求职面试会和你的那些前辈一样，在很大程度上不会如你想象得那般顺利。所以，基于这一现实，你可以先放松下来，听听接下来我要说的话。其实不仅限于求职面试，未来的你会经历很多诸如在大型会议中做报告、站在众多观众的面前演讲等场景。所以，为了大幅度提升你的临场表现，我总结了一些个人建议送给你。

首先，我非常坚信一个大前提，那就是相比花心思考虑“如何（How）表达”，更具有决定性意义的是思考“内容（What）想传达什么”。请一定不要忘记，比起你表达技巧的好坏，你表达的内容才真正决定了你的价值。我能确定的是，在关键的场合，或者在整个人生当中，并不是“表达方式占九成”，而是“表达内容占了十成”。所谓的表达方式只在有内容的前提下才有意义。0乘以0永远是0，若所说的内容是空洞的，那任你口若悬河，也不会引发任何人的共鸣。如果有企业对这种建立在内容为0的基础上的“口灿莲花”很买账的话，那么不被这种企业录用反而是你人生的一大幸事。

无论是你求职面试，还是我站在几千人面前演讲，最重要的不是怎么说，而是你说的内容能否打动他人，这也是别人对你的评价的关键点。因此，事前准备的重点不应是“怎么说”，而是“说什么”。要让他人更好地了解你的价值，就需要集中精力聚焦在内容的准备上。

当然，100分的内容乘以0分的表达最后也会等于0，如果How太差的话，的确也是一件令人发愁的事。但是，一般只要你能正常说日语，How很难会是0。相反，那些What几乎为0却又不自知的人才会在头顶上悬着一颗“死兆星”。

考虑How之前一定要先思考What，但在What之前你得先把Who给想明白。我越发觉得沟通其实就是一种营销。所以，正确的逻辑顺序是：表达的对象是谁（Who）→表达的内容是什么（What）→如何表达（How）。但不认真考虑What，反倒在How上花费了大量无谓的精力的人占了大多数。过多思考How的原因还是由于What的部分不够扎实。他们没有意识到，正是因为内容空泛，才会迫不得已地在表达方式上苦恼。

如果完全掌握 What（内容），接下来只需用自己的语言努力说出来即可。其实在表达方式上不需要任何花哨的技巧。只要你接受的是一家正常企业的面试，那么这家企业的面试官一定是因为想要了解你这个人才会坐在你的对面。另外，就算在细枝末节上有些许不同，但任何一家企业想要极力招揽的人才都有很多共通点，那就是具备 T、C、L 能力的人。所以不管哪家企业的面试，其核心都是相同的。

在有了“有料”的内容之后，再准备 How 就可以算作加分项了。但要注意过犹不及。如果思考 How 占用了你太多的精力，那还不如顺其自然走一步看一步。如果你是 C 型属性较强的人的话，那另当别论，一般来说“高明的说话技巧”并非短期内能训练而成的。今天要准备明天的演说，临时抱佛脚是没用的，更别说 10 分钟后的面试了。即便想要临场有一个好的发挥，你也会因为自身能力的缺陷和准备得不充分以及担心有面试问题没准备到而越发不安。这种不安感在临场发挥时就会变成你最可怕的敌人——紧张。

很多参加面试的学生会因此而崩溃。揣测应聘企业的面试官会怎样发问，希望通过提前准备好答案以求在正式面试时有个好的表现，但真到了面试的时候，却发现“剧情”完全没有按照你设定好的套路上演。你前期这种想当然的准备越是充分，面试时的你越会手心出汗、大脑死机以至于张口结舌，别说是完美地回答问题了，就连面试官提出的问题本身都无法准确理解。换作平时的自己应该不难处理的事，但在重压之下就会因为动作变形而最终导致失败。人之所以会被压力影响，是因为人是会“紧张”的动物。

现在让我们来聊聊有关紧张的话题吧。人是会因为不安情绪而紧张的生物。虽说人和人之间多少有些差异，但作为动物保证自身生存的一种本能，如果在现有环境中能活得下去的话，就会主动规避变化的产生。比如这座山上能提供最低限度的口粮的话，就不会去旁边的山，从而避免饿死这种最坏的情况发生，这就是动物的本能，也是几乎所有动物潜意识里都具备的维持现状的机能且没有办法越过它。现代人的大脑若察觉到这种不安，就会把不安情绪认为是“变化”即将袭来的信号，大脑就会与你的意志作对，故意让你的行动失败。

这就是紧张的真相，是讨厌变化的大脑用于维持现状的功能罢了。比如在做演说时，越是重要的演说越是这样，大脑会害怕一旦演说成功后，你在生活上会有极大的变化，又或是人际关系和职场复杂性产生大的变化，使你进一步暴露在压力之下而导致生存概率降低。此时，大脑就会使你的判断力和肌肉无法正常工作，让你把这个演说搞砸。求职面试也是同样的道理。因过于紧张而无法好好阐述，脑筋卡死，而这一切的罪魁祸首就是你的本能，同时你还无法怪罪它。

但我无论是演说还是接受面试时都不会紧张。即便和名人会面、在几千人面前演讲时，皆不会紧张。不是最近，而是近20年都是这样。为什么？因为我为了从紧张中解脱出来，做了某种准备。

这个“某种准备”具体是什么？就是给我自身量身打造一个属于我的品牌，即设计“个人品牌（My Brand）”。多亏了这个准备，我变得完全不需要再去刻意地追求好的表达。所以我没有临场的不安和浮躁，彻底从面试和演讲的紧张感中解脱了出来，让我能集中精力阐述内容本身这根“轴”上。所以我只要把我自己打从心底里确信的东西尽力表达出来就好。通过这种方式，这种“重要时刻必须成功”的压力就渐渐消弭于无形了。

你很清楚，按照常识判断我应该属于“怪人”那一类。我从小时候起就不擅长主动去配合这个世界。我觉得对的事情，做得越多越是和社会起冲突，世界也不断地给予我各种惩罚，我积极的意图也很难得到周遭的理解。这就是我一直以来的成长环境。此外，我也不是很懂得察言观色，难得能读懂对方意图时，却又很难违背自己的意愿去附和别人。

在宝洁的 14 年间，我最后的上司给我所指出的最大改善点，和刚进公司时的上司所说的如出一辙：“与他人好好相处。”小学班主任在留言簿上写的也是这句话。“与他人好好相处”并不会成为我的人生目标，所以我对此表示无能无力。我的母亲在我还小的时候也说过“这孩子太没有常识”，自小学起就认识我的你妈昨天晚上还念叨我“你这个人从以前就这样，一点儿都不合群”。这样看来我果然是无药可救了。

你们应该不难想象，这样的我在宝洁繁忙的日常工作中要和形形色色的人打交道是多么痛苦了吧。为了让别人喜欢自己，或者提高他人对自己的评价，无论和谁说话都要照顾对方的感受，并且面对不同的人还要勉强自己做相应的调整，真的太难了。即便我清楚地知晓这是个随时都可能阻碍我事业上升的弱点，但我真的很不擅长迎合他人，一想到为了改善这一点要花大量时间和精力，又让我觉得烦躁且痛苦。而且我认为无论我多么重视并努力去改善，最终效果也不会太好。这就是横冲直撞的野猪的习性，有好有坏让人头疼。最终，我决定忠于自己，选择抛除顾虑，尽情地去和他人发生碰撞。

但我真正希望的，是不受职场中复杂的人际关系所扰，集中精力做我喜欢的事情。我希望自己成为一个商业创建者，我的精力全部集中在开辟思路、创造出谁都想不到的营销战略上。那么，有没有什么好方法能让不擅长此道的我大幅降低与周遭环境周旋时所花费的成本呢？出于这个问题的急迫性，我想到了一个方法。

它就是使用市场营销的手法，在自己所处的社区中，营造一个让自己较容易获得认可的环境，也就是把自己作为一个“品牌”进行设计。这样一来，每次和他人沟通时，整个过程会变得相对简单，身边人对自己的印象就会逐渐固化，包括对我的评价也是一样。简单来说，我要让我周围的人觉得“那家伙就那样，但他有他的价值，随他去吧”。不只是我身边的一两个人，我要让我周围的所有人都有一个统一的认知，这样我的个人“品牌”才算是立起来了。这其实是一个战术，目的是让我身边的人在了解我独特价值的基础上，习惯我这个稍微带刺的性格，最终容忍我做我自己。

这一方法的最终结果，大大超出了我当初的预期。个人品牌设计图就像是一个终极魔法的魔法阵，它有促使职业生涯走向成功的3大效果。

效果1：将你从演说、面试等易紧张的人生中解放出来。

效果2：作为你职业生涯战略最重要的指南针发挥作用。你要开发的技能是什么？在什么行业里积累怎样的业绩能强化品牌力（自己）？这些问题都会变得十分清晰。

效果3：最初的设计图中理想成分占比较高，但随着设计图的不断实现，你在现实中的能力会逐渐丰满，而你成为商业精英的概率就会大大增加，到时候你的名字就会变为你的金字招牌。而你自己的品牌价值也会不断向上攀升。

下面，我将把我习得的这套施展魔法的方法，尽可能简单易懂地传授给你。

顺便提一句，要想更深入地了解市场营销的基础知识和基本用语的含义，推荐你去看《戏剧性改变日本环球影城——就靠这一种思维走向成功的市场营销入门》（角川书店）。这本书是为了当时还在读高中的你所写的，书中系统解读了市场营销的本质，浅显易懂。

本章所写的内容将为你今后漫长的职业生涯带来决定性的变化，也是我坚信绝对有用的市场营销方法及职业生涯战略的具体运用。在此重申一遍，了解市场营销的基础知识会对你有极大的帮助。为了你的成功，无论今后选择何种职业，我都强烈建议你将市场营销的基础概念用心牢记。好的，下面让我们进入正题。

将你自己打造成为品牌！

首先让我们来理解一下什么是“品牌”。所谓的品牌，就像“法拉利”“迪士尼”等，只要一想到它们的标志，人们的脑海中就会想起它对应的“含义”和“价值”，这就是品牌。在我看来，品牌才是人们脑海中被灌输的“畅销”这一概念的本质。

比如，“丰田”的车会给人经久耐用、质量稳定可信赖的印象，若人们意识里没有这种概念的话，丰田在全球范围内就不会如此热销。只要一说到“吉野家”，大家眼前就会浮现出橙色看板和牛肉饭。能否让消费者有这种直观的印象，也是决定一个品牌是否被消费者选择的决定性因素。

可能不少人会觉得品牌是自然形成的，其实并非如此。一流的营销人具备带着目的性去设计或改造品牌的能力。他们会筛选出能提高消费者选择概率的要素，逆向推导，通过把这些要素植入在消费者的脑海中塑造品牌形象。

相比“拥有30年前好莱坞电影IP的主题游乐园”，绝大多数人会选择“有自己喜欢IP的主题乐园”。所以日本环球影城就是按照这种思路，投放了各种战略，最终实现了集客数量的倍增。对品牌进行概念包装，以提升消费者选择本企业品牌的概率被称为“品牌建设”。品牌建设正是市场营销从业者的核心工作。

于是，我开始考虑针对自己的品牌建设，即“个人品牌设计图”。品牌建设最需要的东西，无论是推广人还是企业品牌，其实都是一样的，即品牌设计图。对市场营销不甚了解的你也许会问什么是“个人品牌设计图”？为了便于你理解，用简单粗暴的方式来解释的话，就是把你的“人设”清晰地写出来，并尽可能每天都按照该设定来行事。这样一说你应该明白了吧。

但是，胡乱设定一通肯定不会有好效果。品牌设计要基于一定的目的，但如果最终不能提高消费者的购买率的话，任何设计都是没有意义的。同理，你的设计必须要能让面试官及给你打分的人能够青睐你，目的是提高选择你的概率。也就是说，你需要一个明确的战略，提高买方意识中对你的好感度（Preference）。实际上我本人也通过这种方式在职业生涯中获益良多，所以我对此深信不疑。

如果你能认真设计并定义一次你的“个人品牌”，那么你今后的职业生涯将十分轻松。无论是面试、演说，还是每天的日常工作，你只需要注意自己的一贯性就好，目的是让他人对你的认知和你的个人品牌设计图一致。换言之，因为你已经把“自己”设计定型了，所以就没必要再配合他人不断调整自己了。你只要在定义品牌的设计图中，挑选出最打动对方的内容，去表达、行动就行。

个人品牌使用得越频繁，你就会越发感到得心应手，那时就无须在每一次面试前都去做一番精心的准备了。不断经历这种过程，你的个人品牌意识会深深地印在你的脑海里，说起话来将会变得更加自然而顺畅。而当你逐渐变得游刃有余时，紧张就消失不见了。我自己就是这样，从商业世界中的紧张情绪中解放了出来（当然你也知道，我在人前拉小提琴时身体依旧会止不住地颤抖。这肯定是我对自己的音乐水平还不是很自信的缘故）。

认真按照自己设定的个人品牌的路线行动时，你自己会切身感受到自己在往个人品牌所指明的方向不断成长。这其实是利用了人的习性，只要大脑不间断地想着要朝着目标前进，身体就会不由自主地跟上。当然了，如果你想要设计的个人品牌完全脱离了当下的自己，就好像给自己安排另一个人格的话，那就另当别论了，但在正常情况下你都会逐渐向你的目标靠近。

你正好是在今年的春天开始找工作，这个节点正是制作设计图的绝佳时机。首先试着去设计“个人品牌”。一切都从这里出发。放宽心，我接下来就将告诉你品牌设计的流程和意义。为了你今后能在职业生涯中取得成功，我将针对如何设计个人品牌，以及过程中需要注意的要点，毫无保留地传授给你。之后如何实践就看你自己了。

个人品牌设计图

请先看一下后面这张关于设计图框架的三角图示（见图4-1），我称它为“品牌价值金字塔”，也就是品牌设计图。再说得准确一点，这是基于我平时在工作中所使用的更加复杂的品牌设计图，然后为了让你更容易理解、更方便使用所做的简易版。不过虽说是简易版，但涉及的基本思路和实际在做品牌建设时是一样的。例如，当时为了重振日本环球影城需要重新进行品牌设计时，用的也是同样的思路（只不过更细致一点罢了）。

让我们先从理解这张图示开始。这张图是通过将构建品牌的关键，即“无可动摇的品牌形象战略”的组成部分可视化，在实际思考时用的工具。金字塔整体的构成自上而下分别为Who（向谁?）、What（做什么?）、How（如何做?）三大项，最顶端是要进军的战场（即市场）。

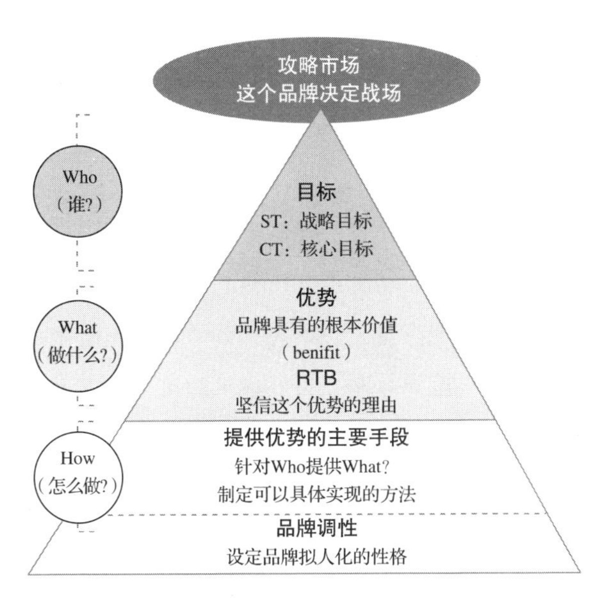

图4－1　品牌价值金字塔（职业生涯开发用·简易版）

针对图示中的文字我会进一步进行说明，为了之后能够更好地进行品牌设计，我会重点阐述四点内容。在理解了这些重点后，我会再举例介绍几个个人品牌的案例。希望在这之后你能领悟“原来是这么做的啊”，然后使用这个金字塔来实际操作，设计你的品牌。

明确要攻略的市场：从所有的选择项中圈定“战场”

首先，必须要确定品牌参与竞争的活动区域（主营业务）。如果是企业品牌的话，那指的就是“市场”和“行业”。比如日本金融业品牌中具有代表性的三菱 UFJ 银行，其活跃的领域也就是主营业务为世界金融市场，加上相关联的各类分、子公司的话，其涵盖的业务范围是非常广泛的。而我的老东家宝洁的主营业务是全球家庭消费品市场，日本环球影城是亚洲娱乐市场。

圈定战场的意义何在呢？我们可以试想一下没有定义时会怎样。如果一个企业或品牌想在所有的领域都开展业务，那么这样一来经营资源就会被无限稀释，导致无论在哪个战场都没有足够的战斗力来赢得胜利。另外如果过度聚焦在某个非常窄的领域里的话，就无法赚到企业生存所必需的收益。到头来，企业会因为市场过于狭小而“饿死”。因此，主营业务领域的定义要参考企业目标和自身的营销资源，不能太宽泛也不能太狭窄，这是最基本的。

这个思路如果套用在职业生涯战略上会怎样呢？参考自身具备的资源，然后既不过宽也不过窄地划定自己的目标就业市场。为了达成你在第 3 章中制定的个人目标，你现在就需要考虑你的个人品牌要构建在哪一块市场中。

有的人会将战场定义在一个公司的内部。而上班族中的大多数人恐怕都是这样想的。他们只会关注自己在公司内的评价以及能否获得晋升。但基于中长期的职业生涯战略来看，应该将自己的关注领域不单放在公司内部，而是将眼光放宽 1 ~ 2 个圈，让自己在更宽广的舞台上参与竞争。

打个比方，人才市场是用一个人所具备的专业能力来定义对应的职业（如营销行业、律师行业）的，或者用这个企业所属的行业来定义（如汽车行业、旅游业）的，所以你需要做得就是不要局限于你当下所处的职位及行业，而是站在更高的格局上用更广阔的视野去思考自己个人品牌的定位。之所以这样说，是因为即便你没有跳槽的念头，就算你想一直留在一家公司里，你的个人品牌也会变得更加强势。不要光写在纸上，随着实际行动，通过和公司外面世界的接触，你的视野会随之扩大，也能获得更多新想法和促使你成长的良性刺激。

新生毕业找工作时，正是自身就业目标领域的设定决定了哪些企业是你们真正需要花时间花精力去准备的，所以它才十分重要。这个世界的企业有如星辰般数不胜数，你不可能全部都了解，其中值得你花一分钟去了解的公司都很少。没有设定明确的优先顺序就开始盲目四处求职的人，是“毫无战略的蠢货”。要综合考虑你的职业目标、符合自己特质的职业，以及用何种标准去筛选应聘企业，这些都需要通过先圈定领域来明确。

是的，此时所需要的正是“轴”。第3章中你所考虑的“轴”将在此处发挥作用。综合所有的“轴”后圈定的求职战场因人而异，有人会选择“金融界”，有人会选择“可以掌握营销精髓的企业”，有人会选择“更适合女性工作的职场”。选择本身是每个人的自由，但“轴”无论对谁来说都是十分重要的。没有基轴便无法建立战略。

求职的时间是有限的。通过确立轴来圈定求职范围，就像为了钓到特定种类的“鱼”，你需要梳理行动时间、各环节流程，做好前期准备等，这样才能提高成功率。找工作其实不需要把自己搞得特别辛苦，但一定要尽早地明确“轴”，圈定你想应聘的“候补行业”及“候补企业”，然后掌握它们的招聘流程就好。如果不这样做的话，你就有可能因为错过而后悔。

Who：想让“谁”来购买？

Who 定义了品牌的“目标客群”（资源集中投放的对象）。品牌受众的设定主要有两个，即“战略目标（Strategic Target，ST）”和“核心目标（Core Target，CT）”。战略目标指的是为了提高品牌被选择的概率，在较广范围内多少都要投入一点的经营资源（如广告宣传费等）。而核心目标指的是在战略目标之内，需要更加集中投放资源及预算的更狭小的范围。

那么，基于职业生涯战略，这个思路运用在设计你的个人品牌上又会如何？比如说，你正要准备参加森冈商事株式会社的面试，你觉得谁是你的“战略目标”？强调一下，战略目标就是即便你只花费有限的一点时间和精力（你的资源），也要给人留下你的个人品牌印象的范畴。现在假设你非常想要拿到森冈商事的录用名额。那么，考虑一下 ST 是谁？

在这种情况下，ST 就是森冈商事里所有可能和你产生接触的人。也就是说，从接电话、发邮件的联络人，还有不管是间接还是直接影响你是否被录用的，以及所有可能影响到对你的最终判断的人都是你的战略目标。在走廊擦肩而过的人有可能是你的 ST，即便你在附近的星巴克打发时间时，周围的人都有可能是你的 ST。

那么，步入社会的学长和学姐来学校访问时，这些坐在你对面的前辈们呢？他们自然不会像你的哥哥姐姐那样成为与你亲切交谈的对象。既然他们使用的是工作时间，自然是因为带着公司给的任务才坐在那儿的。请一定要重视这些学长/学姐。虽然公司不同、情况各异，但在大多数的情况下，他们会将会谈时你的表现输入所在公司。在通常情况下他们都掌握着一些推荐名额，而他们的任务就是筛掉一部分的求职者。

因此，战略目标中还有特别需要集中资源投放的对象，把这种前辈设定为等级更高的“核心目标（CT）”是较为稳妥的判断。若期望他们来学校访问时对你留下一个好的印象，那就把他们当成面试官来对待吧。这时候你需要再思考一下在他们与你对话的过程中，如何才能在对方的脑海里留下对于你的个人品牌的印象。而你在面试时，坐在你对面的面试官毫无疑问就是你的核心目标。

下面我们再来看一下毕业后刚进公司的你。这时你的核心目标是对你的评价有直接的强有力影响的人（上司或他们的上司），战略目标是那些能够给直接评价你的人施加影响而无法忽视的人（其他关联部门同事、本部门内同事的评价等）。

定义 Who 真正的意义在于将战略中最基本的“选择和集

中”变为可能。你的资源（如时间、精力、注意力等）是极其有限的，要是将你的努力平均分配给你所处“市场”中的每一个人的话，那么无论是谁，对你的印象都会是平平无奇的，这样谁都不会购买你这个“品牌”。

What：让他们买“什么”？

What 决定了品牌价值，也就是决定了消费者为什么要购买这个品牌的最根本理由。这里的价值（购买的最根本理由）便是品牌的“优势（benefit）”。消费者无论有什么样的购买理由，本质上决定购买这一动作的都是人的“情绪”。因此，虽然大家都是消费者，但大多数人对于 What 的认知都是模糊甚至是缺失的。

例如有消费者买了日本环球影城的门票，嘴上说是想去玩哈利波特世界，但他们购买的真正价值并不是眼前所看到的哈利波特世界里的各种游乐项目，事实上他们是为了体验过程中的兴奋和心跳并最终感受到“激动”才花的这份钱。因此，此时 What 的优势是“激动”，而哈利波特世界里游乐项目就是产生那份“激动”的装置，所以也只是 How 而已。

市场营销人员在开始设计商品（How）之前，就必须要明确定义向谁（Who）、提供怎样的本质价值（What），因为消费者购买的是“优势”。例如消费者购买的其实不是电钻，而是电钻钻出的“精美的洞”。而现实中又有太多经营者并没有在深层次上理解其含义。

现在，让我们再回到求职的场景中去。能算得上是What的“优势”范畴的点就是你这个“品牌”最本质的价值。这种价值也定义了企业“买下你”的理由。比如，善于社交、开朗、喜欢说话的小P，他的“优势”若定义为“与很多人在一起非常快乐”的话肯定是不行的。这种优势并非只属于他自己的价值。始终都必须牢记购买者买的是你通过Who定义的个人品牌的价值。所以，对于一家公司来说，小P的优势是“无论和谁都可以立即搞好关系”，不然谁也不会聘用他。

另外还有一个概念，即“RTB”。它是包含在What里“Reason to Believe（使人信服的理由）”的略语，是让他人相信品牌优势的驱动因素。例如，我们考虑吉田沙保里[㊀]选手的品牌优势是“灵长类中的最强者”，她的RTB则应该是“世界级比赛的16连胜”的经历。职场中的RTB可能是你的实际履历、某种资质等，也就是要客观地定义能让他人信服你所具有的“优势”的证据。

对于会计、财务领域有较高专业性的人们来说，如果他们具备注册会计师或税务师等资质的话，就是极具说服力的RTB。因为具有这种闪闪发光资质的人只占极少数。因此，特

㊀ 日本著名女子摔跤运动员，曾在世界级比赛中获得16连胜。——译者注

别是在找工作时，要去挖掘到目前为止自己的人生中能作为RTB的素材。自己还是学生的时候，对什么非常着迷，从中掌握了什么经验和能力，这就是你着重要展现的内容，并将其作为RTB，让对方相信这是你的优势。

How：“如何”让他人购买？

How是为了提供优势的手段。可以这样理解，较之买方无法可视化的What来说，肉眼可见的品牌要素就是How了。无论是丰田的车，还是格力高的POCKY饼干，包括刚才举例的哈利波特游乐项目，这些商品都属于How的范畴。用战略性思维来整理一下，What规定了集中资源的“战略”，而How规定了战略具体实施的计划，也就是“战术”。

那么，转换为职业生涯战略时How又该如何定义呢？What定义了自身的“优势”，Who定义了“目标”。将“优势”通过具体方式传达至“目标”的过程，这就是How。例如，小Q的What是以“优秀领导力”为卖点，而让Who能更容易联想到What的所有具体方式，都由How定义。像“即便是困难时期也能很好地提升人员士气”“不会被情绪左右，可以一直保持正确的判断”，也就是说要设定What的具体表现形式。

图4-1中最下方的“品牌调性”指的是，当品牌要建立某种风格时，需要思考你想让目标（Who）感知到你是一种什

么样的性格。品牌调性是指将品牌拟人化并对其性格进行定义的形容词。消费者在情绪带动下做出判断的概率非常高，所以不同定义的品牌性格，其被购买率也存在差异。品牌调性是影响消费者喜欢与不喜欢的重要因素之一。

比如，有相同 What 的小 A 和小 B，前者的品牌调性是“积极”的，后者是“沉着冷静”的，那么企业或招聘负责人在聘用选择上就会根据自身偏好产生不同的选择。

在以上的篇幅中，我解释了品牌设计图也就是品牌价值金字塔中相关词汇的含义。当你用自己的方式思考这个三角形所定义的要素然后画出你自己的品牌后，你会发现图形化的好处是更易于进行设计。三角形一开始虽然是画在纸上的，但它最终的归宿应该是 Who 所定义目标的大脑。而把这个三角形烙印在购买者的大脑中的过程，正是我所说的品牌建设。

我希望你在设计你自己之前，能理解这些词的定义，知道当它套用在人身上时应该如何去思考。因此你需要学会在设计个人品牌时如何使用品牌价值金字塔。我用我 20 岁时实际使用过的品牌价值金字塔（图 4 - 2）来进行说明。

不过话说在前头，这个金字塔只是我在 20 多岁开始意识到要建立个人品牌时，对未来“我想变成那样的人!”的一种夸张式的憧憬。但其实从 20 多岁开始我从来都没被称作“宝洁最强的商业创建者”（笑）。但为了让大家能这样看待我，我每天都在按照设计图不断地磨炼技能，努力想要做出非凡的业绩。

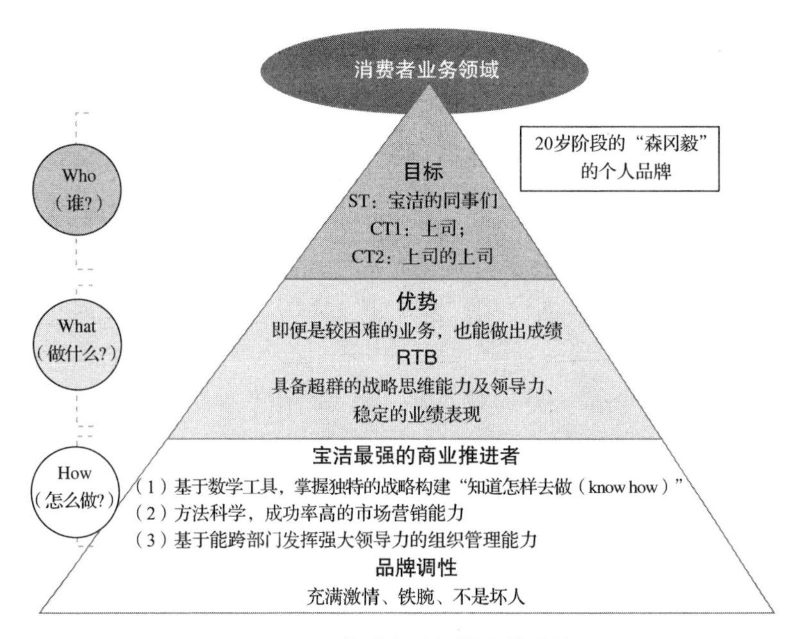

图 4－2　20 岁时森冈毅的品牌设计图

大致说明一下。关于 Who 我们应该已经讲清楚了吧，也就是按照常规意义上对你进行评价的评价者。其次是 What，也真实地反映了我当时所愿，我想成为无论在什么业务领域都能做出一番成绩的人。我对那种无论是谁都能攻克的任务没有任何兴趣，我想要的是人们发出惊叹“啊，这个业务起死回生了!”这种高难度的任务，我想拥有改变战局的稀缺战斗力。也是出于同样的想法，我在此后果断地加入了日本环球影城，这个当时年游客已跌落至 700 万人，头顶“死兆星”闪耀的企业。另外，关于 RTB，我将发挥我所擅长的 T 和 L 这两大“武器”作为基本战略，然后就是让我的“战果”为我说话。毋庸置疑，业绩就是最强的 RTB。

关于 How，虽然这可能不是最好的想法，但为了实施 What 制定的大的战略方针，定义 How 的基础应该是更加具体地定义想要周围的人如何看待自己。想象一下，如果 What 的定义是“无论多困难，都能做出成绩”，那么周围人会怎么称呼这个人呢？我当时考虑的是“宝洁里最强的业务创建者”。之后我定义了我的主武器“战略规划能力”和副武器“市场营销能力”与“组织构建能力”，通过提高这三种能力来实现 What 的优势，即“无论多困难，都能做出成绩”。整体结构就是这样。

最后是品牌调性。现在再看到当年我写的这些东西，我还是能感受到当时究竟有多苦恼，现在想来又有点好笑。但写在品牌调性下的这三点可以说完全是我当时的真实写照。当时的我在工作上可以说拥有一种超越了激情的“狂热”风格。有墙挡在面前我就打破它，有人来妨碍我就把他撞飞，我如同朝前猛冲的野猪，走的是铁腕风格。我把这两点作为我的“特色”，非但没有收敛，反而将它们作为我的强项，一路高歌猛进。

让我感慨最深的其实是最后一点，由于我不善于处理人际关系，所以才想到了要制作这样一张设计图。那么“不是坏人”是什么意思呢？回忆起过去的种种，还真有点想哭呢（笑）。那个时候，心里其实并不想被别人认为是坏人。想想那时的自己还是挺天真的。其实好人、坏人都不是最重要的，只是那时的自己还未曾懂得这一点。

设计个人品牌的四个要点

讲了这么多，你应该对品牌设计图稍微熟悉了一点吧。那么下面我来给你讲讲，当你开始设计个人品牌的时候，要注意哪些方面，你才能设计出一个强大的品牌。纵观整个品牌设计图，只要注意并强化以下四点，那么这个品牌就将是强大的。

价值（Valuable）：价值是否足够高？

这是最重要的一点。你所定义的价值本身是否够高是最为重要的。因为如果招聘方在你身上看不到充分的价值，也就是What（优势），那么对方是否聘用你就不存在必然性。企业需要的人才价值多种多样，而定义自身价值的方式也有很多种。但无论你选择什么要素来一决胜负，至少你拿出来的价值要能搔到招聘方的“痒处”，才是足够高的。

对大多数企业来说，他们最想招聘的员工，从能力倾向性上来看，是善于思考的人（T型人）、善于待人接物的人（C型人）、有领导力的人（L型人）。就人物画像来说，诚实的人要优于不诚实的人，强烈责任感的人优于没有责任感的人，内心强大的人优于内心脆弱的人，充满能量的人优于没精神的人。企业想要的自然是快速成长的人才，并且会尽可能地避开性格奇怪、易引发问题的人以及要花时间进行改造的人。你可以去呈现的价值有很多，但你一定要问自己："我的价值定义是否简单明了且足够高吗？"这是你必须思考的。

可信的（Believable）：是否能被相信？

不过，无论你具备多么强大的 What，如果不能够让对方相信的话，对方仍不会对你高看一眼。最终你可能被认为是自我认知有问题的人，或者是会说谎并无法信赖的人。因此，为了让对方相信你的自我价值，你需要明确列举出 RTB 以作为你的论据。所以在写个人履历表时，你就要把它当成是展现你 RTB 的一个舞台。

如果你定义的优势是"较强领导力"，那你必须列举出强相关的事实证明你经历过。一个拿不出任何证据的人去兜售其领导力，无疑很难让人相信。你的 RTB 必须明确地列举出实际案例，例如以自己为中心实施变革，带领周围的人克服困难，取得了某项较大的成绩等。

实际上，T 型人、C 型人、L 型人所擅长的领域存在一定的交集。如果只说自己的优势的话，因为可以随便说，所以大家讲的点也会在很大限度上出现重复，大家很难在这上面拉开差距。因此，在面试的时候，面试官会根据实际对话时直观感受到的面试者在 T、C、L 三项上的表现来打分，感知面试者的性格。无论是应届大学生招聘还是社会招聘，面试官都会不断询问面试者过往的经历，因为他们要在这一过程中找到证据。而毕业生由于缺少社会经验，就会被问及大学生活的相关经历。

而你可以理解为决定 What 胜负的，是优势乘以 RTB 的最终结果。RTB 如果能说明问题，则可信度就较高，那么作为优势的系数相乘后带来的冲击力就可以成倍增长，反之亦成立。如果你是大学应届毕业找工作的话，就要总结目前为止的大学生活；若是跳槽的话，就要整理目前为止你在实际工作中培养起来的能力，并把它作为具备说服力的 RTB 表达出来。作为第一次见面的人，无法真正直观地感受到你所具备能力的价值，所以他们能看的就只有他们认为真正的 RTB。

独特的（Distinctive）：是否足够特别？

无论校园招聘还是社会招聘，一旦你埋没在众多求职者中，就很难在面试中取得成功，所以你需要品牌战略让你与其他人区别开来。说实话，面试官听了太多千篇一律没营养的话，早就厌烦了。你越是有能让面试官“噢！”的要素，你能够突出重围的概率就越高。那么，这些要素是什么呢？要如何制定差别化策略呢？

从结论上来说，至少差别化的目的是要提高 Who 选择你的概率，如果你因为差别化反而降低了此概率的话，就太愚蠢了。这一点听上去很简单，但实际上犯错的人还真不在少数。面试时为了突显自己而做过了的话就会被当成奇葩。在面试中表演不合时宜的才艺或是展现令人听了皱紧眉头的人设等都是风险十分高的行为。请注意，为了差别化而差别化是不会有好结果的。

突显出优势的强大程度即可。此外，如果相应 RTB 的内容（冲击力的大小）也很突出的话，从结果上来说这种突显效果就很好了。比如说，将领导力作为优势，阐述 RTB 时讲的是“作为社团活动的队长，带领队伍取得过全国冠军”，这就显得特别突出了。大家会觉得能带领团队夺得全国冠军的人，应该积累了并非寻常领导力的经验吧。

另外，让 How 的要素在好的方向上变得突出也是上策。眼神、说话方式、举止、所有的行为，这些如果能让 Who 放大对你 What 价值的感知和信任的话，无疑是一大助力。不过，刚才也说了，最低限度的外在准备是必须要有的，但比起考虑通过 How 来彰显独特之处，还是先考虑制定战略，通过 What 来一决高下才是正道。

顺便说一下，我参加面试从来没有失败过。这主要还是通过推理分析招聘方的需求，并有的放矢地做到“Distinctive”，这需要精心的计算。回想起来，1995 年在我参加过的一次面试（2 名面试官对 6 名学生）中，很多学生将“‘阪神・淡路大地震’时做过志愿者”作为亮点来阐述，我边听边带有不屑地想，你们每个人都宣扬自己做过“大地震时的志愿者”，就好像在说“我做过志愿者，我是个好孩子哦!”。当时我就觉得他们对于面试真是一点都不了解。每个人都在说同样的话题，有意义吗？如果说在当志愿者的过程中，你发挥了非常强大的领导力，能让听的人发出赞扬声的话，那也算做到了 Distinctive，但几乎所有的学生都讲不到这个点上。为什么？因为在他们实际当志愿者的时候，只是按照他人的吩咐帮了把手，而且面对面试官时他们根本不知道什么是重点。

因此，他们在我看来完全是不堪一击。我用“我和在座的各位不一样……”作为我的开场白开始了我的讲述，为了区别于其他学生那种无聊的事迹，我刻意从我准备好的段子库中挑选了一些我的经历作为内容。为了给面试官们留下很有活力的印象，我介绍了我用沿路搭车的方式穷游印度尼西亚的经历，途中曾一度被抬上救护车，差点死于登革热又奇迹生还。为了带给他们坚韧不拔的印象，我还讲述了为了去探访沉没在菲律宾长滩岛海底的驱逐舰，我专门考取了深海潜水执照的故事，我曾抱着备用氧气瓶下潜到临界水深以下，却由于水压太强使得血管爆裂，潜水镜里有一半都是我的鼻血，即便在这种环境下我也没有慌乱，依然冷静应对，潜返上岸……

作为自己实际体验过的事情，像这种“笑果”绝佳的段子除此之外还有很多。而正因为这些都是我自己的亲身经历，所以更能表达出让人身临其境的感觉。现在想来，当时说的那些话题恰好起到了 Distinctive 的作用，所以才收到了良好的效果。虽然当时我并没有如品牌价值金字塔一般明确的战略设计，但从我的做法起到的效果来看，面试官们应该会认为“这家伙到底是聪明至极呢，还是傻瓜透顶？但确实是个很有能力且非常有趣的家伙！”，这样我显然达到了脱颖而出的目的。

一致（Congruent）：是否与自己在本质上保持一致？

强有力的价值、优秀的RTB，这些如果只是写在纸上的话，则可以任你发挥，甚至也可以罔顾良心地向对方鼓吹你自己。如果想演绎另一种人格，获得录用资格，只要你具备大牌女演员般的演技也不是不行。但是，为了你事业上的成功，脱离真实的自己去包装成另一种人格，这真的是正确的做法吗？之前我也多次表示，职业生涯的成功应该以发挥你的特质为必要条件，而基于虚假的人格做品牌设计显然是最坏的选择。

那么，与此相反，基于你对当下自己的认知，应该展现自己完全真实的一面并稍显克制地去进行你的品牌设计吗？那如果你一定要通过眼前的面试怎么办呢？我并不鼓励这种愚蠢的认真。为了能被面试官选上，说谎自然不可以，但旋转是需要的。这也是市场营销的常识之一。所谓的旋转，是指虽然说的都是同一个事实，但仅凭切入点和展示方式的改变就能给人带来更大的冲击力。“Spin”这一词汇来源于美国。说的是将一支笔竖着放的时候，我们只能看见“一根细棒”，但如果高速旋转它，则能看到一个更大的“圆盘”（实际上旋转笔的速度不可能如此之快，所以这只是一个假设）。因此，你可以让事实“旋转”起来，让它看上去更加美观，这种操作不需要有任何心理负担。

这里需要明确一下，品牌设计图要描绘的其实并不是当下最真实的你，而是要设计那个在不远的将来你想成为的自己。所需要使用的素材就是通过自我意识挖掘出的“强项”以及过往你发挥所长取得的种种成绩。将它们朝你想成为的方向尽情去旋转吧。要用尽可能精练的语言去填充你的品牌价值金字塔。

这样一来，你应该可以描绘出那个不同于现在的未来理想的自己。如果无法描绘理想的状态，那就是因为“旋转”得还不够。一个人不行的话，可以借助亲朋好友、家人的力量。总之先大胆假设，不用太担心，最多也就是从理想拉回现实，且任何时候都可以做到。只要方向不错，那就朝着高远的天空起飞吧！

在确认自己的设计图时，有两个重点。虽然允许适当地夸张，但有两点不要离谱：①RTB 等事实里是否存在谎言？②描绘的内容和你原本的特质是否有较大偏差？如果这两点有破绽的话，就不是“一致的（congruent）”（与真实的自己不相符）。

特质定义上出现偏差，就好比要让一根茄子变成黄瓜。如果设计图上写的是“虽然这个茄子现在还很小，但将来一定会长成一根优质的茄子！”，那就没问题。旋转后的自己虽然与目前的自己相比有些差距，但只要有意识并朝着旋转的方向不断努力，终归可以离目标越来越近。只要是 Congruent 就意味着可以实现。所以说，尽可能去设计 10 年后理想的自己。如果时间跨度太长，难以想象，那就试试 5 年后的自己。这样，设计图会引导你靠近未来理想的自己。

你知道我为什么否定他人格设定，而肯定旋转吗？因为品牌永远是 Relative（相对的）。如果在你的附近出现了跟你风格相同但比你更优秀的人，那么你的品牌就会相对变弱。因此，在保持一致性的原则下，要尽可能地以构建尽量强大的品牌价值为目标，从一开始就给自己灌输这种观念并不断努力，如果你自己发自内心地想“我要成为这样的品牌！”，那就请在和自己的本质保持一致的基础上进行设计吧。

职业生涯就是营销自己的旅程

营销自己的方法

虽然有点突然，但让我们马上来做个测试吧。下一页有两个品牌价值金字塔（图 4-3），请你来比较一下，看你会录用其中的哪一个人。

这其实是几年前一位正在求职的学生来征求我建议时的实际例子。A 和 B 是同一个人，A 是本人所写的，B 是经过我旋转后的呈现。你觉得如何？你会决定录用哪一个人呢？

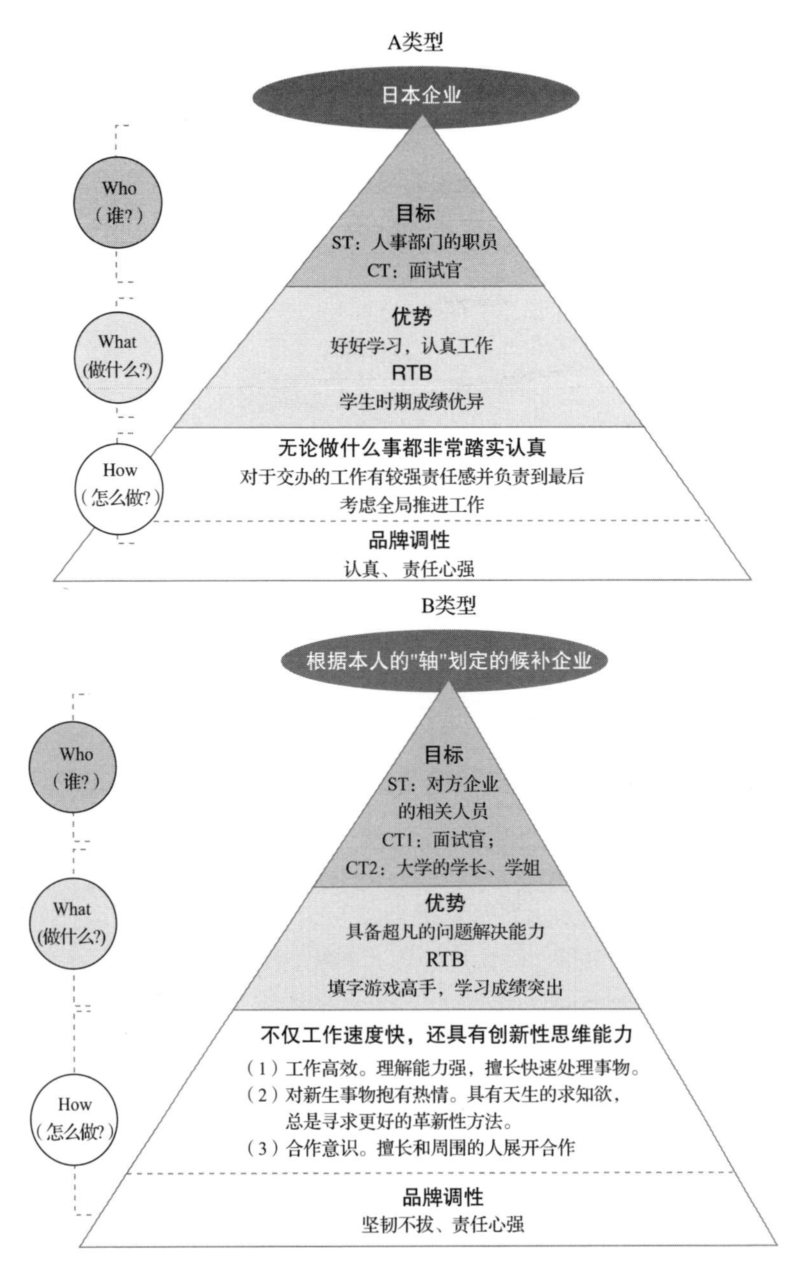

图 4－3　两个个人品牌的比较

A 的内容其实也不差，呈现的是一个认真、踏实的好青年形象。但是，从他想应聘公司的难易度来看，这样的人在应聘者中遍地都是，并没有特色。因此，为了更有 Valuable 和 Distinctive，我采访了其本人并基于获得的资料，重新设计了一番，为的是让他可以更好地凸显特质。能否给现有的品牌施加一定的旋转，让对方产生一种期待“这家伙将来应该会有惊人之举！”，这就是我思考的出发点。

B 的写法确实存在夸张的成分，但对照他的个人特质并未说谎。这就是所谓的不带欺骗成分，在保持一致性的基础上进行旋转。一开始我以为他只是不觉得学习很苦的温厚性子，但随着了解的深入，我发现他真正喜欢的是“通过自己的方式去发现”。于是我把这个特质结合思考力进行优势重塑并提高了其价值。就像这样，针对你想推销的对象，要将你的价值更加强烈地被对方感知到。这也是市场营销中的一个道理，都是让对方理解到商品的优点。

关于 RTB，光是在学校取得优异的成绩还是不足以给对方留下深刻的印象。而他只要有时间就会去做填字游戏，说明他是个 T 类型的人（笑）。让他介绍填字游戏的世界时我觉得特别有趣，所以我建议他在实际面试时可以将此作为自己的段子，以展现自己具有迅速处理信息的能力、对于开拓创新性思维方式具有极大热情等，让面试官在记忆中留下问题解决能力极强的 RTB。比如一开始可以这样介绍自己，“实际上，我是个非常喜欢解谜和解决问题的人，由于太喜欢了，所以一不小心成了填字游戏的达人”，这样可以一下子就引起对方的兴趣。兴趣可以基于你的目的，变成强有力的 RTB，让对方相信你所具备的优势，这也可以成为你职业生涯的武器。

同时我也试着调整了一下品牌调性。“认真”“责任感强”当然都是带记号的，但基本上讲的都是同一件事。他本人看上去眼型较细，为了不给人一种柔弱的印象，我在词汇中尝试找出能正确描述他优势的词语，最终想到了“坚韧不拔”这个词。当然为了在面试时能表现这种“坚韧不拔”，也需要做相应的准备。顺便一提，这位同学就是凭借 B 款设计图在求职战场中如愿斩获了某大型城市银行的录用名额。

就是这样，在不断推敲中去完成自己的设计图。那么在完成之后你知道要做什么吗？**就是尽可能地让自己的行为和品牌价值金字塔中所写的内容保持一致**。24 小时、360°、365 天，贯彻始终。在外是这样，在家里也是这样，一定要时刻提醒自己“我就是这样”，基于这一前提去行事。如果自己都无法带入这种人设的话，品牌设定的内容就无法落地，构建个人的品牌价值金字塔也就无从谈起了。

可能有段时间你会感到挺累的，但坚持下去便会习惯。即便无法立即成为你理想的自己，但在朝着理想的自己付出坚实努力的过程中，你会习惯于现在正在努力的自己，而且很快就能习惯！只要设计的不是别人的人格，你就一定能做到。之后你的人生阶段将不断地向你描绘的理想靠近。即便旋转后存在些许扩大的成分，但在这一过程中，你一定会在某个时间点上感觉到这种空白正一点点被填补。

在建设个人品牌时，也有需要注意的事项。我称之为“价值破坏”，也就是采取了背离品牌价值金字塔的行为。**如果做出了“价值破坏”的行为，则会反作用于品牌价值金字塔，导致其崩塌，个人品牌力也会瞬间被弱化**。我们经常能看到有艺人因为干了价值破坏的事，而受到社会的强烈谴责。比如走清纯路线的艺人被爆出“丑闻”后，其冲击力会比一般人更大，这就是价值破坏的后果。支持大家选择这个品牌的是“品行端正的品牌价值”，而此时这个品牌的价值出现暴跌，因而人们也不会再选择支持这个品牌。

在公司中想要建立的“自身信用”也可以称之为品牌。如果一个人被大家认为“勤奋且不犯错”的话，则要比别人更加注意不能迟到或者工作上轻易出现失误。如果大家认为你有“较强领导力”的话，则更要在组织的重要关头做到“吃苦在前，享乐在后”。而做出任何破坏这一自身价值的行为都是不被允许的。这时你应该理解在讲解设计品牌时 Congruent（和自身本质保持一致）的重要性了吧。如果本质设定出现偏差的话，就仿佛在过别人的生活，必然无法长久地持续下去，于是每天都会做出价值破坏的行为。现实中这种品牌根本无法构建成功。

同样，**在漫长的职业生涯中，你有可以逃避的时候，也有**

不可以逃避的时候。你可以按照你的品牌价值设计图来选择。可以逃避的，指的是对于自身品牌建设不重要的场合。对品牌建设不重要的内容你无须一一应对，那只会浪费时间且徒增人生的歧路。在这种情况下能高明地侧身避开是最好的。不能逃避的是那些需要通过正面迎战来促进品牌建设的场合，若此时选择逃避，就相当于选择了价值破坏。在无法逃避时，只要你的身体健康能够保证，你就必须全力以赴。即便没有得到好的结果，对于自己的品牌建设来说，就没有不战而败的选项。即便失败，这种“良性的失败”也能催生出重要的人生经验，此后再继续建设就好。

自身的品牌建设其实是一件并不复杂的事。只要忠实地基于你的本质，将其作为理想方向通过品牌设计进行旋转延伸，剩下来的就是不断努力去接近你的理想。**在这一过程中，你会在现在的自己和未来的你之间，逐渐完善出一个新的品牌，也就是“接近未来的你”**。

通过采取和价值同步的行为所得到的成绩越多，你就越能逐渐获得“价值奖励”。所有的一切都是为了这一奖励！价值奖励是指得益于品牌价值，让对方强化对你的印象。比如，如果别人觉得你是个正直的人，你不用做过多解释别人就会相信你，这就是价值奖励。同理，如果你建立的品牌价值是“较强的战略思考能力”，你周围的人就愿意听你说话，并且你更容易获得别人的赞同。

在这条延长线上的又是什么呢？只要按照品牌设计图不断前行，你的个人品牌就能越来越趋近于设计图中的描绘。相应地他人对你的认可也会从部门内扩展至全公司，且总有一天会扩大至整个业界。为了加速这个过程，有人会对提升个人品牌的认知度十分上心。具体的方法可以是增加与外界猎头接触的机会，如果有人出于对你个人品牌的认可，可以提供一个高风险高回报式的机会的话，你也可以放手去尝试。

被大家所认知确实重要，但我认为营销自己不需要过度活跃。**最重要的是“毋庸置疑的业绩”**。如果你拥有能做出耀眼成绩的才能，即便你自己不愿意，也会被外界所知晓。因为这个世界总是在寻找能做出显著成果的人才。特别是优秀猎头的情报网，即便你想隐藏，也是无用的。因此，要想形成众人对你的认知，**你应该先保持和品牌建设相一致的行为，以及执着于做出成果**。就这两点，如果你在做到以上这两点的基础上还有余力的话，当然也可以去试着推销自己。

按照品牌设计图，你必须致力于积累“根本性的实力”，这是你的第一要务。实力如果上不去，所构建的品牌也会崩坏。明明没做出什么好成绩，还通过社交网络拼命推销虚假的人设，或者因为自己和一些优秀的人有联系，就觉得自己也一样优秀，借此来逃避现实，等等，你应该没时间干这个。希望你能够不断追问自己：“对比昨天的自己，今天的自己学到了什么，变得更加睿智了吗？”

架构个人品牌和通过放大镜聚集太阳光一样，今后你做出的每一点努力都会成为一个焦点，这些焦点叠加在一起就能汇集成强大的能量。品牌能量汇集得越多，你付出努力的投资效率也会有超乎想象的提升，能够抓住机会做出成绩的概率也将急剧提高。你的个人品牌就会更加强大。所谓的“品牌”就是这样打造而成的。

跳槽是一种“武器”!

下面让我们来思考一下“跳槽”。首先，跳槽是必要的吗？我所考虑的大前提是：**跳槽仅仅是达成职业生涯目的的手段**。跳槽本身并无好坏，与目的相匹配的跳槽才算好的跳槽。所以首先要弄清你的目的，明确你为了什么而跳槽。

即便是符合自身目的下定决心要跳槽，也会伴随着各种风险。跳槽是否成功也要等你“落地”后才能知晓。从想法萌生到最终决断，整个过程都好似在凝视深夜中的海底，那种令人悚然的不安会一直伴随着你。因此，大多数人都不会想跳槽，对一些事情也都能忍则忍，通常选择维持现状。

这就是之前说过的，动物的大脑中有维持现状的本能。鹿、猪，甚至是人，即便对现在的这个山头有所不满，正饿着肚子，但只要还能生存下去，就不会想要搬到别家山头，避免自己遇到最坏的情况，也就是饿死。当开始考虑想要承担这种风险时，你的大脑就开始制造各种压力，以阻止你的这种行为，不安和紧张便是这一机能的产物。

由于这一本能的存在，我们的理性判断也会时常伴随着一定的偏向性。即便下意识地想排除那些偏向，也很难逃出本能的束缚。选择“维持现状”或“变化”时自不必说，甚至在选择向“左”还是向“右”时，即便想理性地去做正确判断，脑海中还是会找借口偏向于选择变化和风险较小的方向，这就是人类。

如果这样还能做决断的话，那还算是好的，然而大多数没有经受过锻炼的人们不知道如何选择，苦恼到最后，所做的决策便是哪个也不选，从结果上来看就是维持现状。所以作为动物，本能获胜的概率其实是很高的。

基于自身目的，发现一条能纯粹提高自身获得成功概率的正确道路并做出决断，绝非易事。这种能力称为“决断力”。具备过人决断力的L型人数量极少。有些人是通过强大的意志力不断积累经验才获得的这种能力，也有人生来就不容易被情绪所左右，具备强大的精神力。决断力是一种稀有能力，所以市场价值极高，它也是成为优秀经营者所必需的能力。

大多数人没有经历过克服动物本能的培训，所以只能“**被动地跳槽**”。现有公司中再没有出人头地的机会了，待得不舒服所以待不下去了，实在是没有办法再待下去了，这些是典型的跳槽理由。**无论是以前还是现在，跳槽的人群中最多的声音便是“跳槽是为了让我逃离职场人际关系带来的压力”**。如果认定待在现有山头自己会饿死，那么没有别的选择只能逃到别的山头，这并不需要什么大的决断力，所以也没有烦恼的压力。

人类的本质就是自我保护。尽可能地不去选择，不做决断，回避不安、压力、痛苦，减少变化，寻求安全，寻求快乐，这就是社会上大多数人的生存选择。特别是在存在大量“怕疼者”的日本社会中更是这样，**因此大多数人都没有将“主动跳槽”作为一种可选手段**。不问好坏，暂且放一边，这首先是一个事实。

在这个前提条件下，你的职业生涯战略应该是怎样的呢？如果你想成功的话……如果这种成功需要比他人掌握更高水平的技能的话……绝大多数的人都无法主动选择的“跳槽”，如果你能结合自身目的随心所欲地利用的话……如果能选择比他人更快地积累经验，更易出成果的地方的话……**这将会成为你强有力的“武器”，不是吗？**同时也是你职业生涯的一大优势。

喜欢思考能取胜的战略的我，在思考自身职业生涯战略时发现了这一点。于是我开始积极地寻找跳槽的目的地，最终找到了日本环球影城这一选项。相对于多数派，我所说得更接近于股市中“逆向操作带来的好处”。这是战略的真理，**和普通人做同样的事，你就只能成为普通人**。想交出与众不同的答卷，要么做和别人不一样的事，要么对于同样的事采取不同做法，方法只有这两种。

那个时候，我身边亲近的人都异口同声地说“别闹了”。明明我在现在的公司里已经走上上升通道了，再等个四五年升职必然是囊中之物，就算跳槽，也不应该选这个快关门的游乐园，至少应该去个更加大牌的公司吧。“你图什么啊？”无论他们怎么不理解，我心中的答案是明确的。我的职业生涯中所需的技能和经验，并非是长久待在宝洁里就能获得的，我迫切地需要一个能得到这些的新环境。我观察着周围的反应，内心越来越满足，这个跳槽正是我所说的“逆向操作”。为了提升实现目标的概率，我逆转了动物的本能，选择了一个“有风险的山头”。

那么，你是怎么考虑职业生涯的目的的呢？目的决定了一切。如果你是把挑战当作前进动力的“挑战者”属性的话……或者觉得人生只有一次，想看看把自己生来所有的能力发挥到最大限度时，在这个社会能活跃到何种程度的话……或者想在这个未来存在很多不透明的世界，为了守护自己和身边重要的人，要尽多地掌握有用的技能……**如果你的职业生涯目的类似这种的话，“主动跳槽”这一选项就必须一直停留在你的视野里。**

不管是被动还是主动，跳槽的好处除了“提升达成目的的概率”之外，还有一个，就是通过跳槽达到“**强化成长的效果**”。人是一种害怕痛苦并且懒惰的生物，但同时在感到死亡逼近时又会拼命。搬到一座新山头，必须在新环境中活下去时，就会拼命地努力，这种习性无论谁都有。新环境充满着不同以往的刺激。新的思维方式、新的人际关系、新的工作内容，更重要的是有面对这一切的“紧张感”。为了生存，在强烈的刺激下，人会逐渐觉醒，加速成长，其结果便是扩展了自己的经历，增加了见识。

作为新员工，开始学习新的工作，渐渐得到肯定，战斗力提升，被周围的人所信赖，这样的人要想在公司中找到一席之地，最关键的是通过积累信任建立起新的人际关系。只要不是神经有问题的人，在主动跳槽的时候，**最痛苦的应该是“斩断人际关系后独自出走”吧**？无论是离开宝洁，还是日本环球影城，那都是令我最不好受的。不管经历几次，恐怕都无法逃离那种痛苦。只要是你注入满腔热情的职场，情感越深，离别时就越痛苦。下决断离开那些需要你的伙伴，这是必然的。

但是，我希望你能在思考下人类的本质后再做决断。**人类是一种感觉良好就会停止成长的动物**。你熟悉了当前的工作，并被周边所需要，这绝对是一件令人愉悦的事，但你可以冷静地思考一下，和一年前相比，自己获得成长了吗？如果没有明确的回答，你就应该知道自己停止成长了。之后你便要认真思考，在“停滞”的轨道上还能清晰地看见人生和职业生涯的目标吗？对于不断挖掘与生俱来特质的人生旅途，这种“停滞”会带来多大的冲击呢？

对我来说，停滞并非我的选项。不受情绪影响，只要我觉得舒服了，就会想要迎接更换环境的挑战。虽然在公司内能获得挑战时没必要换公司，但在过程中又很难在公司里获得所需的经验。不知不觉地，你在重复相同工作的过程中因为“擅长的工作每次都能顺利完成而感觉良好”且不会有任何违和感。这样当然会导致成长停滞。

在这里要纠正一下，我所考虑的是，**在一切顺利的时候，你要下意识地去打破那种让你感觉良好的“均衡”**。走出你的舒适区就是新的成长的开始。正因为有坚强的意志去积极挑战，才能开拓新世界。和伙伴的艰难告别，也是遇见更多崭新邂逅的开始。正因为从难以割舍的宝洁伙伴身边离开，才能和无法替代的日本环球影城的伙伴们相遇。“主动跳槽”是你扩展新世界、迈向更高舞台的手段，我希望你能把它一直放在你的认知当中。

增强专业能力的诀窍是什么？

最近，推荐掌握多项专业技能的声音越来越多。这样的优点有两个：首先，在这个未来不透明的世界里拥有多项专业能力的人可以有多个收入来源，也就是技多不压身。其次，可以提高自己的市场价值。将 A 技能锤炼到百里挑一的水平，接下来将 B 技能也锤炼到百里挑一的水平，那么你就成为 A、B 技能兼备的那个万中之一，如果还能学个 C 技能，那你就等于是百万人中的翘楚。

我认为这种想法从理论上是对的。与其死磕一个技能成为百万分之一的存在，不如通过技能组合的特殊性成为 100 万人中唯一的稀有人才。通过这样的方式成功的可能性会更大。只不过，增强专业能力时有几个注意点需要攻克。

最要注意的就是切莫成为半吊子。客观上你无法判断自己是否是百里挑一的人才，另外掌握第一个 A 技能要到哪种程度也要基于目的，因此在事业攀升阶段是很难得知 A 技能要提升至何种程度的。另外还需烦恼的是，放任不管的话，A 技能会立即生锈，早晚会被业绩不断提升的对手们追上。在这过程中，向 B 技能伸手真的没问题吗？每个人的资源都是有限的，兼顾多头只能导致任何一个技能都不足以作为你的必杀技。

针对这个烦恼，我的回答是，运用 20/80 法则，基于各自目的进行选择。效果相对于努力来说是呈递减趋势的。想将新技能 B 提升到 80 分，那么比起在现阶段已有 90 分的 A 技能基础上再 +10 分变成 100 分，相对轻松达成的可能性更大。因此我觉得客观上可能做到的是，维持个人的“主力武器”的最大输出，再将“副武器”1 和 2 提升至 60 ~ 80 分作为新装备。相较于集中全力攻克 1 个科目达到 100 分，肯定是让 3 个科目都达到 80 分花费的精力会更少。持有多个专业性的优势理论就站得住脚了。

但持有多项专业技能的前提是要适用于你的事业目标。如果考试科目只有 1 个，那么考取 3 个科目的 80 分就没了意义，突出 1 个科目接近 100 分肯定更加有利。因为成为“这个领域的第一人”的时候，会有很多品牌营销的福利产生。这里不是说成为日本第一或者世界第一这么夸张的程度，比如别人评价你“在我们事业部的销售技能里，她是能挤进前三的王牌”，只要能有这样的评价，那么别人对你的感觉就完全不一样了。所以，首先要让你的“主力武器”具备足够强大的火力。

还有一个要注意的是与你的“轴”相脱离的问题。这在为了规避职业生涯风险而增加专业性时特别容易发生。这种错误体现在，想要拓宽现有事业的想法过于强烈，导致配备的“辅助武器”并不匹配你的职业生涯目标和个人特质。自己持有的“武器”可以有多个定义，配备几个都没有问题，但如果既不适用也没法使用，就无法获得最终的成功。另外如果持有的专业性都是分散的话，就如同一个企业拥有多个没有关联性的业务一样，不仅没有相乘效果，还导致资源的分散。所以，寻找“辅助武器”时也要沿着“轴”去寻找。

我对这些烦恼的回答是，通过运用品牌价值金字塔，描绘一个发展型的个人品牌的未来画像吧。在考虑增加、更新（专业性的向上兼容）专业技能时，品牌设计图确实能起作用。**专业能力不是简单的量的增加，而增强专业能力的诀窍就是瞄准“相乘效果”**。怎么做才能达成你的事业目标？达成目标时，你能看见更远的目标吗？

对照个人品牌设计图去考虑吧。考虑在强化你的品牌价值战略的基础上，再去增加专业性。一个人具备何种专业性会带动这个人价值（What）的变化，而直接影响What的RTB。在这种意义上，从和第一个专业能力有相乘效果的第二个专业能力中，选择符合自己特质的（有兴趣的、喜欢的）是最具战略性的做法。结合“主力武器”和“辅助武器”，从自己的事业目标中选择能增加达成概率的第二个专业能力是聪明人的选择。

例如，如果你将“会计”作为自己职业生涯的起点，那么你当然可以选择进入一家企业从事会计的工作，然后不断积累经验，最终成为一名该领域的专家。但你也可以试想一下另一种职业，将“财务管理”以及“能规划企业发展战略”作为“辅助武器”后，融合三项技能并通过向上兼容获得财务领域整体的专业性时，你的目标就可以定为成为企业的CFO（财务总监）。按这个步骤，就会诞生“会计”能力特别优秀，也对“财务管理”和“规划”十分擅长的CFO了吧。

我也举个我的例子。我在一开始考虑个人品牌的价值金字塔的时候，在“优秀的经营者所需要的技能”的目标下，我计划要学习三个专业技能。

作为专业人士，我的“主力武器”从未改变，即作为战略家的“战略规划能力”。而“市场营销能力”其实是我的

“辅助武器”，但经过一番磨炼，它拥有了和“主力武器”对等的火力。其他火力较猛的“辅助武器”还有刻意去培养并积累的“组织构建能力”。宝洁的主业是头部护理，我一边从事着本职工作，一边主动申请了一些并不会被当作有多大成绩的工作，诸如培训、招聘、参与组内人事编制等。其目的是以此来积累组织管理方面的经验。

战略家、营销人员、组织者，无论哪个都拥有可以创出一番天地的专业能力，但我在较高的层次上融合了这三项技能，这使我逐渐成为稀有的存在，然后“相乘效果”就出现了。这非常重要。

“战略规划能力”的价值让在战场上武力无双且能奠定胜局的“市场营销能力”光芒倍增，而“市场营销能力”的价值让能预见战局局势的“战略规划能力”成倍放大。当然，比起“战略”和“营销”相关方案的制定，在业绩疲软的组织中推进这两点在现实中更为困难。而如果具备“组织构建能力”并组建一支战斗力满满的团队的话，就能起到让“战略规划能力”和“市场营销能力”相乘的效果。

也就是说这三个专业能力会相互提升各自的价值，另外这个组合在“战场”上被同时使用的可能性非常大。以我自己为例，只要是挑战高难度课题，这三者就可以相互作用，得到锻炼。同时你不必分别花时间去积累每项技能的经验，这也是相乘效果的一个体现。

当你同时拥有这三种能力时，就可以成为能做出业绩的商业精英。当然商业精英所需的专业能力有很多，但考虑到相乘效果，符合我个人目标和特质基轴的就是这三个。在这三种专业性的叠加下，我对这个世界的认知不断被拓宽，兼备“战略”“市场营销”“组织”三种能力的话，就能在“CMO（Chief Marketing Officer，首席营销官）”“经营者”“创业者”行列中走在前方。通过相乘的效果，也会看见未曾领略过的风景。在更好地实现个人品牌的过程中诞生的稀有价值和新的可能性会不断成为属于你自己的东西。

第 5 章

聊聊那些痛苦的话题

Chapter
Five

05

人在什么时候是最痛苦的呢？绝不是不停工作、忙到要死的时候。被公司、上司、周围的人否定时肯定是很难受的，但也绝对不是最痛苦的时候。**人最痛苦的时候是对自我评价极低的时候**，也就是自己都怀疑自己存在价值的时候。周围那些不那么悦耳的评价也只是你开始自我怀疑的导火索罢了。

强烈怀疑自我价值时，人会变得胆小，行为上也会逐渐变得畏畏缩缩。就像没了汽油的汽车，没了最低限度的自信后人就会变得没有作为，越和周围对比，越会加重对自己的否定，内心中的劣等感会被不断放大。在感到和理想的差距后焦虑感加重，无法回应周围期待时那种冰冷的无感刺痛着自己。以上这些都会毫不留情地削弱你对自己的肯定。

在这里我也想谈谈我曾经历过的对自己评价的低潮期。今后你将面对的是和一帆风顺相差甚远的现实世界，所以你可以把我接下来的话当作出发前的热身运动。

在你眼中我干得都是自己喜欢的事情，看上去仿佛任何事都能干成。但即便是这样的我，在职业生涯的旅途中依然有着很多丢人和悲惨的过往。但我希望你能记得一句话，“办法总会有的”。并不只是我一个人，每个人生活在这个世界上都面对着相似的痛苦，大多数人也都能咬牙坚持下来并收获自己的幸福。请千万不要忘了这一点，尤其在遭受巨大痛苦时更不能忘记，这一点我希望你能一直记住。

解封我的黑历史，这些是在我走上社会后的10年间发生的事，也是和现在的你比较接近的时间，我想在其中选择三个真实的故事讲给你听。

当劣等感向你袭来之时

在我进入第一家公司宝洁的第二年夏天，我变得无法接听电话了。挺丢人的，就是字面意思的无法接听电话。当电话铃声响起时我的心就会“扑通、扑通”跳，脑子里一片空白，无法思考，额头出汗，想要接电话，手却停在那里。脑子里想要去拿听筒，但不知为什么手却一动不动。当时我就差没去看心理医生了，现在想来我那时多半应该是生病了。

如今的我大概能理解当年为什么会那样，但当时的我真的不知所措。在此之前我的人生中有过七次被抬上救护车的经历，即便如此，这种不可思议的事情对我而言也是头一次体验。

我选择入职的部门是宝洁的市场营销本部，但纵观周围，前辈们个个都如同超人一般，其他部门的同事也是专业精英，再加上同时期的、前后脚进公司的，一眼望去都是优秀人才，在我看来我的周围360°闪耀着聪明人的光芒！

而我，从极其普通的郊外公立小、初、高中一路走来，进入了神户大学，人生中从来没有加入过能力如此之强的集体。我当然也有不擅长的，但只要展示自己擅长的部分，问题总能解决，无论做什么，我都善于掌握诀窍、抄近路，不努力也能在团队中被划为“有能力”的那一组中。

在神户大学里，多亏了同班学习成绩排名第一的三好君和排名第二的相原君的学习笔记，让我在想干啥就干啥的情况下还以综合排名第8名的成绩从经营学部毕业。进入社会后我才发现，这种让我从根本上质疑自己存在意义的摇摇欲坠的危机感是我在此前的人生中从来没有体会过的。

我作为宝洁市场本部新员工刚开始做业务时，有我擅长的工作，但多半的工作都是我不擅长的领域。我擅长做定量的数据分析，无论做什么，无论做到几点，都不会觉得累。可是要我开发受女性欢迎的可爱包装、创意能表现出护发素丝般顺滑效果的广告、挖掘影响女性使用洗发水的消费心理，这种说不清道不明的内容却让我摸不着头脑。说实话，在我以往的人生中对于什么可爱的包装、什么洗发水，我真的一次都没有真正在意过的。

很多从事营销工作的人可以凭借其敏锐的直觉顺利攻克那

些看起来很“模糊”的工作，所以他们工作起来往往游刃有余。但没有这份直觉的我即便去模仿前辈们，也还是无法搞清楚什么才是正确答案。到最后各种项目的节点逼近，我却因迟迟不能够提交令上司满意的提案而经常被骂。其他部门的联络人也在不停地打电话过来确认进展或是直接抱怨一通，我桌上的电话铃响个不停。一个专业的集体是举全员之力来做出业绩的，所以不允许存在任何散漫和迟迟不作为的情况，更不会因为你是个新人而饶过你。只要电话铃一响，就必定伴随着严厉的指导和斥责！这种轰炸每天都在持续。

还有一点，我的第一个上司的工作风格和我的天性有着极大冲突。他在公司里有一个“7－11 先生”的外号，正如字面意思，他是一个朝 7 晚 11 的超级工作狂。这个连周末都会高频次去公司加班的上司经常性地在周六打电话到我家中，问我“森冈啊，那个资料在哪儿？”等问题。刚步入社会的我，就如同雏鸟总是会模仿第一眼看到的父母一样，不带任何疑问地开始和我的上司保持相同的工作节奏。如今回想起来，我在办公室里工作时间最长的时期就是跟着这个上司的时候。完全无法想象，简直了，那时我每天从早上 7 点工作到坐最后一班电车回家。这对于现在的我来说几乎是不可想象的，估计你也无法相信吧。

持续过这种日子你就会变成这样……早上睁开眼，就要赶紧准备准备奔向公司。出于上进心，我总是会比上司更早到公司开始工作上的准备，然后白天就在啥也做不好的各种挫败感中度过，接受上司尖锐的批评，让同事失望，还要应对四面八方愤怒的电话。而我能自由工作的时间是从大家基本都下班的晚上7点钟开始，当然那个时候工作狂上司也与我同在。

就这样拼命地工作直到飞奔跳上最后一班回家的电车，而到家时往往已经是第二天了。然后草草收拾下倒在床上，闭上眼，然后睁开眼，急急忙忙赶向公司……闭上眼、睁开眼去公司，再闭上眼、再睁开眼、再去公司……为了去公司闭上眼，为了去公司睁开眼，每天就是这样的循环。

这种生活终于使我变得不对劲起来。在睡眠时间本就很少的情况下，即使疲惫到不行也怎么都没办法深度入睡。渐渐地，在公司听到响个不停的电话声时，我就开始心跳加剧。不光是我自己的电话声，连周围的电话声都会让我心跳加剧，全身冰凉，冷汗涔涔，还伴着十分厌恶的情绪。即便在自己家时，我也会在意上司是不是会打电话过来，整个人都处于不安的状态，心情也很灰暗。渐渐地，即使是和工作完全无关的电话我都开始不想接，明知是朋友和家人的电话，但只要来电声一响，讨厌的感觉就会在一瞬间涌上来。还有当那些无聊的推销电话打破平静时，我都几乎忍不住想大发雷霆。

于是周末在家的时候，我就拔掉电话线，只有听不到铃声，我才能真正安心。我就是在那时养成了在家不接电话的习惯的。在这种情况下，终于让人惊讶的事情发生了。有天在公司，我的电话响了，本想伸手去接的时候手却怎么都动不了，我是真的想要去接电话的，但手就是怎么都不听使唤。那个时候，我才真正意识到我自己出了“故障”。

接下来我采取了正确的行动，现在回想起来这是我职业生涯中的第一个转折点。抱着必死的决心，我向我的上司做了这样的请求。

“U先生，像U先生这样坚持不懈地长时间工作真的和我的天性不匹配！我想能明确地区分工作时间和私人时间，我想在规定好的时间内集中精力工作。我一开始也想效仿U先生，所以我也努力地坚持加班和周末上班，但我的身体现在出了问题。U先生，您有您的工作风格，也请认同我的工作风格。我不想在私人时间里还在想着工作的事，因此如果不是非常重要的事情，还希望您尽可能不要往我家里打电话。拜托您了！”我基本上说的就是这样的话。

一瞬间，上司有点愕然，然后说：“嗯，这个是自然。要是不按照自己的方式去工作，工作起来肯定会很难受，对身体也不好。搞了半天，我还以为你和我的风格相似呢，你怎么不早告诉我呢？”

对比我一副视死如归的样子，对方的反应却很平静，一巴掌拍在棉花上就是这种感觉。

确实，我的上司从来没让我去学他，一次也没说过。而我出于对上司工作能力的憧憬，希望自己也成为他那样，于是自己就未经思考地开始模仿起他的风格。如果他周末打来的电话对我真的是一种负担的话，那我为什么没有在更早的时间点上和他说呢？这些都应该在身体出现问题之前发现啊！

人呐，撑到什么时候身体才会吃不消，也只有在真正吃不消的时候才会知道。发现自己好像有点问题的时候，基本上身体就已经出现问题了。我的本意是让我的上司和周围的同事能用欣赏的眼光看我，所以即便觉得很痛苦，即便发现身体有变化，也尽可能地隐瞒，不想让身边的人察觉，这也是一般常见的情况。

在这个时候，到了真正快崩溃的边缘才和上司面对面地把话说开，这种正确的行为只能说是幸运的。我就此松了一口气。这一短暂而痛苦的经验促使我开始思考应该采取何种工作方式才能在中长期拿出工作业绩。以此为契机，我的个人风格发生了大转变。

简单来说就是从农耕型转变为狩猎型。我舍弃了在田地里精耕细作的工作方式，因为这并不符合我的特质。我最擅长的是聚焦重点，用最小的产出收获最大的成果，因此在交代的任务中，我从中选出三成真正会对业务产生影响的工作进行集中应对，剩余的七成就不再去管它，这就是我工作方式的转变。就好比猎人会猜测猎物从哪里通过，然后再进山打猎一样。

另外，在决定今后绝对不加班后，我养成了哪怕 1 分钟都要发挥其价值，集中精力工作的习惯。早上开始工作之前，我会思考怎么干才能傍晚5点半准时下班，用脑子让工作变得有条理又有效率。这样思考后我发现，光我一个人有条理是不够的，还要带动和我一起工作的团队同时高效协同，才能在傍晚5点半准时下班。因此不是单单控制我自己的1台车，而是要考虑如何同时控制身边10台车。而为了达成这一目标，我逐渐认识到决定团队工作优先顺序的战略眼光才是最重要的。这样一来，原本没什么贡献的新人也能在团队中找到一席之地。

此后，我的综合能力逐渐提升了起来。首先，我的睡眠变好了。虽然还是无法接听电话，但我通过电话留言总算还能应对。上司也对我强弱分明的个人特质表示理解，让我纵向延展我的优势，并支持我用强项来掩盖弱项。他是个不太会夸奖别人的人，点评我的工作反馈时言语也很严厉，但他又是个极其聪明、对自己也很严格的人，对所有人都很公平。我后来才醒悟到，我之所以能成为同一时期进公司的人中最快升为品牌经理，并且作为少数有机会调动去美国宝洁全球总部工作的日本人，去积累非凡的经验，为我打下坚实基础的正是我的上司。即便是现在，我都打心底里感激和尊敬他。我一开始的上司，就是这种武士一般的人。

话说回来……自从你开始记事，是不是会觉得森冈家和别家不同，家里怎么连个手机都没有普及？是不是会记得我曾经说过，“不管别人方不方便，一天24小时都要通过手机强制他人和自己保持同步，这种事我才不做”，或者“老是依赖用手机，到最后自己就不会认真思考，会依赖于别人的判断”。在我快 30 岁我们还住在美国时，我自己当然还是这样，就连你妈妈怀着老四时我都没让她带电话。就因为这样，有次她的车子爆胎，无法立即向我求助，因为不太懂英语，也无法向周围的人寻求帮助，只能从最近的克罗格超市拖着那么重的身子步行几千米才到了家，真觉得太对不起她了。

但是家里真正不用手机的原因，还是因为我真的害怕听见电话响起的声音。即便是电视里传出的电话声，都会让我心跳加速，特别不舒服。即便在宝洁取得了不少成功，这种状态也还在持续。我终于能正常使用手机是在结束了美国生活回到日本几年之后大概 35 岁时的事。也就是临近我跳槽到日本环球影城前的几年。在我这个年纪作为活跃在一线的商务人士还没用上手机的，有可能我是最后一个了。

现在你看我想接电话就能接，但内心的阴影还残留着。现在我虽然用着智能手机，但一般与人的沟通大都使用邮件，电话也时常保持静音状态。更因为工作关系，我需要以分钟为单位和管理层开会，参加时间表上无法推掉的会议时，是无法接通所有电话的。不过，当电话响起的瞬间，我的心情会立即变得难受这一点还是一点没变。肯定是电话铃声成为一种对我大脑的“刺激”，让我回想起痛苦的过往，仿佛让我回到了因为拖延而被工作追着赶着，每天沉浸在劣等感中，只看到周围人闪闪发光的时代，这让我重新回味起刚踏入社会时的悲惨遭遇。

什么是踏入社会？就是在以前的集体中还算能干的你，到了一个新的集体里一下子变成了最不能干的那一个。这时需要做的心理准备和觉悟正是用于面对由于巨大落差而引发出的打击、不安和痛苦吧。比起我这种“杂草”式的成长经历，那些越是名牌大学毕业的优秀人才越存在更大的心理落差。即便在当时以培训和人才培养制度著称的宝洁中，无法跨越“做不好的自己”这道关口而被击垮的新人也不在少数。始终无法克服这道障碍，导致内心产生阴影，最终找一些理由选择离职，其中的大多数人都是因为不知道如何面对“做不好的自己”。

冷静思考一下，这其实是一件非常正常的事。公司里现有的这些人都是达到同样的招聘标准后才被招揽进公司的，他们相当于是一群“和你具备同等的能力（或具备在你之上能力的经营人才）”的先遣团。这些前辈具备和你同等的潜力，且在你之前已经花了数年的时间去磨炼自身的能力，所展现出来的实力和新人相比有巨大差距是必然的（实际上新人需花几年时间去填补这种差距，但当时的新人肯定不会这么去想）。因此在刚进公司之后，会立即觉得自己是相比之下“最没有用的人”，没人可以避免这种想法。

要想不被击垮，首先要让自己放松下来，接受自己是从队伍的最末尾开始奋斗这一事实。然后再考虑自己是否可以不断努力。其实就是做到一点，问自己“我今天要学习些什么才能比昨天的自己更能干？”不是作为“做不好的自己”，而是作为“成长的自己”给予自身极大的认同。能做到这样，即便过程很艰辛，在内心被击垮之前也一定能掌握相应的能力。只要在追赶并赶上前方的这段时间内能够不断坚持向前迈进，天道酬勤下一定会有新芽破土而出，从而迎来自己的春天。

大家在一开始都是新人。放宽心，只要**拥有贪婪的学习欲望，用不了几年时间肯定能解决问题**。记住，无论是要找工作，还是将来跳槽到新环境，就像大多数人咬牙坚持下来的那样，你也一定能做到。这一切都是为了在漫长旅途中踏出扎实的第一步。

当自己不信的东西却要让人相信的时候

终于在 27 岁，我成为品牌经理。但和多数人经常使用的市场营销术不同，为了弥补我在这方面贫乏的天赋，我当时想要埋头开发一套独特的市场营销方式。作为一名营销人员，我希望借此勉强为这个世界做出点贡献，说不定也可能成为我个人的生存之道。

料理是需要品味的艺术。同一份菜谱，10 个人用同样的食材做出的一定是 10 道味道、外观各不相同的菜品。我并不打算将市场营销当作我不擅长的料理“艺术”，而是想找到一条更加贴近“科学”的路径，就像做理科实验一样。实验的目的是验证“现象再现”的条件和原理。如果我能通过科学的市场营销不断在各领域实现战略的“再现”的话，那么我的市场营销理论就将是可靠的，投资放率自然也会水涨船高。

这里我想到的是基于概率理论的战略。在文科出身较多的市场营销人员里，我是执着于数学方法和计算的少数派，但我利用自身所长，基于概率理论开发了分析模型，将众多现象以量化的方式呈现，和原本就非常喜欢的战略思维进行结合。在开战前制定战略，最先找到目标的软肋并一击毙命。若能具备这种能力的话，说不定我也能成为稀有人才，也算是找到了一条生存下去的道路。我非常高兴自己能升任品牌经理，对未来我充满了希望和期待。

但是，职业生涯终归不会如你所想那般简单。刚上任品牌经理后我的第一个任务就让我看到了“地狱”。当时直到快要发布人事公告时，原本的任命职位突然变更了，我被任命为宝洁总公司CEO特别关注的“菲丝克”日本导入项目的负责人。

菲丝克的故事，在2014年NHK（日本放送协会）播放的《职业精神——专家们的工作作风》中曾简单提及，当时我正是那一期节目的主人翁。在当时的节目中，菲丝克的轶事作为一段我自认为是“背叛下属的过去”的经历被展现在观众面前，而为了回避一些具体的商业信息，节目只介绍了大概的情节。从那时算起这件事已经过了20年，时效早都过了，所以我想详细地和你聊聊当时发生了什么。

宝洁的生意起源于美国中西部的蜡烛和肥皂销售，是一家靠生产洗衣粉起家的制造商。有别于一直呼吸着巴黎艺术之都空气的欧莱雅集团，宝洁旗下虽然也有诸如 SK II 这种成功的化妆品品牌，但数量极少。宝洁擅长的并非 Beauty Care（美妆）领域，而是 Dirty Care（日化）领域。所以在美妆领域的缺失使宝洁在产生品牌自卑感的同时，又抱有进军该市场的强烈愿望。这个愿望诞生了一个想法，于是一个品牌在美国中西部的辛辛那提被开发了出来，那就是菲丝克（Physique）。

几年前，我前任的品牌经理在美国的辛辛那提和全球小组一起推进着菲丝克的研发工作。主要的战略已经基本制定完成，也决定要在半年后正式导入日本做试点销售。在决策下达后，我的前任经理突然离开了宝洁，于是原本要负责别的品牌的我被紧急调动到这个岗位。

菲丝克的商品概念是“Physique，Science Liberates Your Style（菲丝克，用科学解放你的风格）”，这一商品概念在美国的消费者调查中好像还获得了不错的分数。顺便说一下，美国人非常喜欢“Liberate（自由、解放）”这个词，这源于他们的建国精神以及解放奴隶的历史，代表着支撑美国文明基石的价值观。但是，这个词很难转化为日语。费劲翻译成“菲丝克，用科学解放你的风格”，你会有感觉吗？你会因为这句宣传语而购买吗？

事实上，一个全球化企业在将本国的市场战略进行海外市场本地化时会经常遇到类似的问题。以前欧莱雅将“Because

You're Worth It"的宣传语直译为"你有这样的价值"，遗憾地给人造成了高人一等、很了不起的感觉。但作为美妆巨头的欧莱雅仍可以通过营造整体的感官魅力来吸引消费者。但我觉得作为销售洗衣粉起家的宝洁来说，本质上严重缺乏营销"美"的Know How。

还有其他严重的问题，当时菲丝克的价格设定是1 980日元/瓶。如果是在高档美发沙龙或者当时的索尼杂货店销售还说得过去，但当时制定的战略是放在宝洁拿手的一般药妆店或者以GMS（综合型超市）为中心的量贩渠道，那么这个定价合适吗？如果是瞄准超高利润，摆在店里设定较小的销量目标的话还能理解，但宝洁对菲丝克的设定是一款走量的产品。

现在不用数学计算也能明白这基本上是最差的市场战略了。Who、What、How中无论哪个都偏离了焦点，三者之间的匹配性也极差。但是已经决定了菲丝克要在日本市场进行试点销售，在半年后商品就会陈列在福冈、佐贺地区。当时日本宝洁的头部洗护部门里没人认为这个产品能在日本取得成功。那为什么导入日本的计划会被持续向前推进呢？因为这个项目是当时全球总公司CEO亲自操刀的项目。简单来说，谁都无法对CEO直言"这种产品不会好卖，应该放弃"，也就是说谁都不敢明言"你是个蠢货！"。

也许将来你也会被卷入类似的事情里。这种谁都不相信会成功，但在看到令人绝望的结果前谁都无法阻止的项目在大企业里时常会出现。它俗称“棘手的案件”。侍奉国王的近臣为了保全自己，自然不会说“国王是赤裸的!”，倒不如说这是世间的常态，你知道就好。在一个组织中，当为决策提供正确信息的网络断开时，惊人的低级错误就会时有发生。

菲丝克能够成功导入日本市场，无论是对 CEO 还是对日本头部洗护部门的顶层来说，都只不过是众多项目中的一个。但是，对于刚被任命为菲丝克品牌经理的我来说，这个项目出现问题的话，我自己的职业生涯也就不妙了。当然，我在任命发布的当场，就对当时日本头部洗护部门的头儿——一位新加坡人进行了带有情绪的抗议。

我对他说：“请告诉我你相信菲丝克会成功吗？如果你觉得会成功话，请你告诉我该如何做。如果你自己都不觉得会成功，那为什么将这个不靠谱的项目硬塞给你的下属？我不觉得这个项目会成功，所以我不会接受这个品牌经理的职位。如果你硬要让我去干，至少也要让我重新制定一个能成功的战略吧？让试点销售推迟一年吧!”

他的回答是：“你应该明白决定谁负责哪个项目的并不是你。在日本，无论是销售战略还是试点时间，都已有了定论，不可能变更或推迟。而且如果你不试试，你怎么知道会失败？”

我还是没有松口，“你是基于日本整体的头部洗护做评价，说话才这么轻松。第一任品牌经理弄出的这么一个品牌却要让我来买单，你是故意让我失败才把我提升为品牌经理的吗？”

然后他终于爆发了，大声发话道：“我自然是对你的才华、未来有所期待才提拔你的啊！你要是还想在宝洁做品牌经理的话，就给我接受这份任命！”他说的最后一句，让我终生难忘，他说道：“Don't Worry！Launch quickly，lean quickly，and die quickly！（不要担心！早投放，早总结，早死亡！）”

也就是说，包括他自己在内也不相信菲丝克能成功，但谁都无法阻止总公司强推项目。唯一能阻止的方法就是尽快地进行销售试点，尽快证明项目的失败。对日本的头部洗护部门来说（也是对他来说），这是将伤亡控制到最小的方法，他想说的就是这个意思。

我当时只顾感叹自己时运不济，刚坐上品牌经理的位子就接手这种棘手案件，就像求签抽到了大凶一般。但是，我除了接受菲丝克以外，能选择的只有从公司辞职。我在宝洁付出了那么多心血，好不容易才有今天，总不能还没当品牌经理就辞职啊。现在想来当时的观点还是有点“小家子气”，但彼时的我还是优先考虑要在组织中生存下来。于是很快公司就发布了我的人事通告。

一个品牌在导入市场时要考虑的事情涉及方方面面，就工作量而言无论是全国发售还是试点销售都没太多差异。公司内涉及菲丝克的人员有数十人。而我也在人生中第一次拥有了下属。一位比我岁数还大喜欢聊天的意大利男性，还有一位刚毕业但十分优秀的日本女性，加我一共三个人就是这个项目的核心了。于是，讨论如何让菲丝克这个品牌脱颖而出就成了每天都要经历的必修课。但同时心中的那矛盾感仍没有得到解决。

我在菲丝克项目上体会到的无法形容的痛苦来源于“将自己都不相信的东西硬要让别人去相信的割裂感”。我认为注定会失败。但我又不能向下属和其他部门的同事说“让我们推进这种失败的品牌，公司的领导是傻子吗？”。这是我所坚信的领导者和专业人士绝对做不出的事。如果这么说的话，心里好受点的就只有我，但这种讽刺挖苦会使我的下属和同事的信念受到了极大削弱。上司将自己都不信的东西就这么赤裸裸地强行丢给了我，而我也变得和我的那个上司一样。但即便不是我个人的意思，一旦接手我就必须将自己置身于公司的整体立场，采取最正确的言行，这就是我一直以来所坚信的。

从结论上来说，我每天都感受着跟每一个人说谎的心情。不光光是对日本总公司的几十个人。对每个广告代理店的人我都始终贯彻“我相信菲丝克”的想法。负责试点销售的福冈、佐贺地区的销售团队将我“积极”的话语作为素材，用长久以来和零售客户积累起来的点滴信任作为担保，推进着菲丝克在各家网点的铺货。为什么日本的消费者会支持这种概念不明的商品？为什么 1 980 日元的价格可以卖得出去？我准备了看上去最像证据的数据做以解释。所有的工作都是向后看的，每天真的很痛苦。即便是这样，为了完成公司交付的使命，我还是持续推动着所有人去完成任务。

从结果上来看，我前前后后对数百位对我来说十分重要的人持续灌输了连我都不信的东西。

我笨拙的笔触实在无法描写出那时的痛苦。那不仅是单纯的负罪感，对于我来说和大家一起抱怨公司应该才是快乐的。但站在公司的角度，我作为专业人士有严格执行任务的使命感，所以没有负罪感。只不过能量在一味地枯竭。对于每天的一项一项业务，我的热情、活力、干劲都渐渐耗光了。

和大多数人一样，我相信自己所信之物时，原有的力量会逐渐充满身体。为了达成所信之物，我能燃烧起挑战的斗志，即便荆棘丛生也不会使我退缩。在之后重建日本环球影城时，我在哈利波特项目的推进中也尝到了非同一般的艰难困苦，但比起在做菲丝克时感受到的压力，完全是不同性质的。菲丝克让我感受到的是更加阴暗潮湿的恶性压力，甚至让我作为专业人士前行下去的决心都遭到了削弱。产生这种恶性压力的工作被我称为“向后看的工作”。

在痛苦中，我们开始了试点销售。然后在数月之后，惨剧如期上演。但相关工作并没有就此结束，等待我们的还有悲惨的撤退战，就是最后的扫尾。我觉得公司上下都在看我的笑话，“失败的菲丝克品牌经理森冈”。但我还得分析失败的原因并向全球总部汇报，还要向帮我们推进试点销售的客户（GMS 和药妆店的采购负责人）谢罪，要向帮我们四处宣传的福冈、佐贺地区的销售团队道歉。“你还好意思来啊？”像这样被骂得难听也是正常的，对于他们来说，仅只道歉是远远不够的。

另外，菲丝克小组解散的同时，为了不让下属受到此事的冲击，从中的斡旋也让我费尽心力。好不容易才让他们免于受到不公正的对待，但想到他们优秀的能力和工作态度，再想想他们当下的待遇，真的让我十分绝望。现在回想起来我还是非常抱歉。无法回报下属的我自己的评价已经不重要了，结果自然也很差，甚至到了要是下次再失败就可以卷铺盖走人的地步。

“不要担心！早投放，早总结，早死亡！”我按照这条路走了，但完全不是不要担心（笑）。说这句话的新加坡总监早就升了一级，而我已经不是他的直接下属，他当时也并没有站出来为我说点什么，不过世界就是这样。

我希望你能记住的是，如果丢人丢到要让评价你的人对你“酌情考虑”的话，那么你的评价自然会是最差的。身处一个具有一定公平性的组织中，如果拿不出“数字（＝结果）”的话，那么在评价面前你将是毫无防御力的弱小存在。当然，如果这个组织不看结果，想怎么评价就怎么评价的话，那另当别论，不过这种组织本身就是个大问题。因为这是阻碍成长的有毒组织，要是待在这种企业里还不如尽早辞职。

当时，让我勉强没有被开除的是接替新加坡人成为我直属上司的一位中国香港总监E总，是他站在我身前维护了我。后来我才听说，E总在评审会上奋不顾身地发表了一段演讲，“让菲丝克投放本身就是个失败，做这个决定的人才应该被问责”。不光因为菲丝克这一件事，这之后耿直的E总果断地离开了宝洁。我因此感到十分愧疚加上难为情，甚至在他的送别会上都不敢看他一眼。

升为品牌经理后的第一年里，我在这种向后看的工作中和悲剧所引发的“地狱狂风”的吹拂中度过了这一年。在这段痛苦的经历中，我有两点感悟想要分享给你。

第一个是Congruency（信念与行为的一致）的重要性。这时的我，虽然站在公司立场上作为一名专业人士控制了言行，保持自我信念的底线，但在“周围被胜利牵着鼻子走”的情况下，我无法保证自己的存在价值 = identity（本我）。而这种打击造成的无力感让我感到极大的痛楚。绝对不会再经历第二次了！那要怎么做才能避免被送上“不是为了获胜”的战场呢？我认真地想了很久。而答案是，只要你是毫无能力的普通员工，就无法避免卷入这种“向后看的工作”。

其实很多上班族带着毫无神采的双眼在人生中最好的年华做着“向后看的工作”。为了生活，他们觉得组织叫我做什么我就只能那么做。过了几年这样的日子后，他们甚至不会质疑工作的意义和自己存在的价值。这种日子才过了一年就让我快要发疯了，如果这种日子持续几年、数十年的话，为了不发疯，他们只能选择放弃思考而变得彻底麻木。我绝不要变成那种人。但要怎么做？就只有让自己脱离毫无能力的员工行列。

那如果不是毫无能力，而是有能力的员工呢？那么就不要成为对于企业来说可以随意使用的“消耗品型人才”，而是作为一个一旦辞职就会给企业带来打击的“人财”被企业认可。只有这样，你才可以在某种程度上用对等的身份和企业交涉。如果那时的我对宝洁来说是不可或缺的“人财”的话，就不会被那个新加坡上司变更任命，更不会被强制选择去抽菲丝克这张“鬼牌”。这是个悲伤的话题，当时我就是这么思考的，而现在我更加肯定了。运气不好并不能解释一切。在这种情况下自身能力不足才是招致厄运的真正原因。

我盼望在成为有能力的员工之后，再成为稀缺的商业精英，能超越公司的维度凭借自己的名号来选择工作。当把这种自由掌握在自己手中时，才算是真正从“向后看的工作”中彻底解放出来。然后如果还有志同道合的伙伴的话，就齐心协力打一场“为了胜利的战斗”，不仅如此，你甚至可以选择让你热情高涨的“堂堂正正的战斗”。我梦想着可以成为带领伙伴们踏上有趣旅程的人。这就是我创立的市场营销精英团队“刀”的原型。

第二个领悟到的是，拿不出结果，谁都保护不了。就算我以组织的利益为考量履行了我的工作职责，但如果结果像菲丝克一样惨淡的话，那么结果是谁都不会来保护你，你也保护不了任何人。十分努力支持我工作的两位下属不要说工作回报了，这对他们今后的职业生涯都造成了恶劣影响。新任的上司明明是在我之后才来的，却为了保护我最终也离开了公司。我作为项目的负责人，却无法守护我曾动员过的所有人。如果菲丝克是摆在我自己商店卖的产品的话，那我早因负债累累而破产了。经营规模越大，受害时的冲击便越大，道理是一样的，企业业绩恶化时给你减薪，伴随大量的裁员，所有人会失业，全都是糟糕的事。

那么作为领导者必须要做到的是什么呢？那就是无论被谁讨厌，被叫作“魔鬼”，或是招人怨恨，也一定让团队做出成绩。对于改善自己身边同事的工作质量、提高成功的概率，直到踏过那一条必须越过的终点线为止，不容许有任何妥协。我们必须要成为这种严格的人。

我已经放弃成为一个单纯的好人。如果要问森冈是一个什么样的人，无论我的下属及周围的人怎么骂我，我都无所谓。但只有一个，我要成为的就是他们口中说的“能拿出结果的人”。我不需要成为那种人格魅力聚集人气的德高望重者，只需要大家能觉得“跟着他干应该不错吧”，我只要这种存在感就可以了。只要能拿出结果，就可以提高他们的评价，也能为他们争取升职的空间，薪资和奖金也可以提升，同时我也能守护那些对自己来说重要的人！

这就是我的 Congruency。我希望自己是一个能带领周围的人和伙伴们走向胜利的人，我想成为这样的人甚至强烈到眼泪几乎涌出。这种情绪伴随着我度过了菲丝克的寒冬，成为我价值观里最深层的认知。我一定要带领团队去往打得赢的战场作战，不断努力直至让他们品尝到胜利的滋味，以这样的方式去回报他们！

一定要争取到能选择倾注你热情工作的自由！一定要成为在残酷的现状下也能拿出结果的人！为此，所需要的是专业性（技能）。通过我自己选择的市场营销技能，去具备更具有压倒性的战斗力。“为了获得自由，绝不能忘记菲丝克的悔恨！”，这一点早已深深刻在了我心中。

“向后看的工作”只能带来痛苦与辛酸。在伤痕累累未结痂时，不会有自我肯定，只会不断流失自信，自己的“轴”也会摇摇欲坠。但如果从职业生涯的角度来看，正是因为有了这种经历，才会有难得的体会，这样一想又觉得不可思议。菲丝克的惨败完美地粉碎了我的骄傲，但也正因为如此，这个世界才能以崭新的姿态映入我的眼中。打破外层的墙壁迎接这全新的景色，也让我急速地成长起来。而我打磨自身“武器”的执念也随之进化到了一个全新的次元。

被他人认为毫无价值的时候

接下来要说的话题并不稀奇，是任何一个行业里的专业人士在前线竞争打拼时都会遇见的事情。**你要记住，在专业人士的世界里，只有老好人才会单纯地追求友情或者与他人搞好关系，而这种心态是一种极易被淘汰的“失败型心理”**。专业人士的世界是生存竞争的第一线。这个世界里的友情是在双方认同彼此实力后才会产生的尊敬之情，这和日本的道德定义完全不同。无论是友情还是尊敬，都不是对方给你的，而是靠自己的实力去争取来的。

经历了菲丝克的惨败之后，我开始在接下来的工作中不断取得成绩，从被开除的边缘爬了回来并挽回了自信和公司对我的评价。其中，我因成功地打造了沙宣品牌的巅峰时期，积累了耀眼的业绩。在2004年，我因为人事调动将远渡重洋去往美国辛辛那提的全球总公司。当时宝洁日本公司的人事流动基本在本组织内就结束了，日本人调动到北美总部的例子极其少见，而且我当时即将担任的也是在全球宝洁中屈指可数的超级品牌——北美潘婷的品牌经理。由于当时北美潘婷陷入了短期内的销量上涨停滞，因此本部想要从外部导入一些有别于以往的新思路，而当时在宝洁内部开始闪耀独特战略规划能力的我便被选中。

你也应该记得，这段美国生活的经历对于我们家的每个成员来说都是无法忘怀的挑战之旅。

在8月份我们来到美国后的第一个冬天，我因为工作压力每天尿血。简单来说，我从赴任开始就遭受了职场霸凌。如果不能用“霸凌”来形容的话，那也可以形容为持续受到额外的压力以及遇到故意给我使绊子的情况。

但其实真正导致一个冬天我都在尿血的核心原因，并不在于周遭的敌对情绪和严厉的评价，给我注入这种无法防御的恶性压力的，不是其他，而是我开始怀疑自己的价值。那时勉强支撑着暴跌的自我评价的，仅仅只是一根如线一般纤细，仍想要相信自己专长的信念罢了。这根并不牢靠的线随时都有可能断掉。

那时的北美潘婷光是利润就大幅超越了业绩改善前的日本环球影城的总营业收入，可以说是一个巨型品牌，也是全球宝洁顶梁柱中的一根。担负P/L（Profit/Loss，盈亏）责任的北美潘婷品牌经理这个职位，是在宝洁主场美国本部中所有做营销的美国人都垂涎欲滴的位子，而这个只会说日式英语的、不知道从哪儿来的日本人“咣”的一下就空降到了这个位子，整个事件当时在公司内泛起了巨大的波纹。

当我被一群看上去很友好的人们包围着时，迟钝的我在一开始根本没发现被摆了一道。可能我理解得有偏差，但以我的经验来看，部分美国人相较日本人更会区分心里话和场面话的使用。看起来有的美国人想表达的东西是一样的，但根据说话对象的不同其主张会有明显的强弱变化，甚至个别人还可以说出与两个小时前自己刚说过的完全相反的言论！

另外，日本人和美国人对“朋友”的定义并不一样，对美国人来说，有时仅仅是一种示好的社交手段。我当时的情况是，只要对方不表示出“我不杀你，放宽心”的信号，我就没法安心。

话归正题。在职场上我被怎样对待了呢？在大型会议上针对我抛出众多挑战性的，就像是测试我一样的问题，这其实没有问题，就算是我的部下向我抛来疑问的小石子，即使别人感到奇怪，我也不会觉得有什么，我根本不会把这种行为解读为对方的恶意。我会把这些都当作衡量我心胸的挑战。

真正令我感到头疼的，是一开始不管是会议邀请、会议总结，还是其他重要的信息都把我给漏掉，这种情况一直在持续。开始我以为被信息流阻挡在外是因为群邮件联络簿里没有加入我的名字，所以还傻傻地每次都提醒发件人把我的名字加进去。但这种情况不知为何仍在延续。于是终于发生了因重要的信息我不知道而导致我无法应对的情况，使我颜面无光。这种周围对我的信息封锁让我陷入了困境。如果只是对我的怀疑或者排斥这些情绪上的东西我还可以忽视，但信息封锁产生的实际影响才真正让我头疼。

其次在参加会议时，只要我参会，很多人就会用异常的速度飞快地开始对话，故意频频使用我不知道的美式俚语，这种情况持续了很久。可以想象一下，好比在刚学会日语的外国人面前，日本人用四字成语进行对话的那种滑稽场面，这样就可以理解我的困惑了吧。刚到美国的时候，我的英语水平只有能听懂CNN（美国有线电视新闻网）内容的一半左右，所以当时我以为是我的听力不好。

现在想起来这个愚蠢的日本人真是可怜，对于那些故意说得很快的人，我总是会打断会议进程“Pardon me？（对不起)”，仔细确认着无法理解的每句话。我要对整体的结果负责。我无法允许会议在我没有理解的情况下就这么推进下去。我是在用我的觉悟坐在品牌经理的位置上。

靠着这种觉悟，我终于被大家称呼为“Mr. Pardon”了(笑)。后来在我要离开美国，同事们给我开送别会时，同事告诉我，因为我可以做到在一个会议里心平气和地喊了几十次“停”，所以导致对方先累倒了，为了他们自己的“精神健康”，他们终于放弃了“超快速战略”。为我的钝感干杯！

不欢迎我也可以，好歹让我正常地推进工作吧？自8月份赴美后，我每天都与“寒冷”的办公室相处，而和北海道想同纬度的辛辛那提的秋天越来越冷。然后到了临近圣诞节，各种让我深受打击的事情开始接踵而至。

某一天，在前晚做到很迟才完成的给董事汇报的 PPT 的封面上不知怎么回事被换成了《花花公子》（*PLAYBOY*）的性感图片。即便是迟钝如我，也在那一刻感受到了明显的恶意。那是一份在当天早上所开的正式会议中由我给女性董事汇报有关今后品牌推进方针的重要资料。如果没有之前的上司 U 先生给我灌输的“为以防万一，开会前再次确认资料的习惯”，就真的危险了！想想都令人后怕。

因为是共享文件，这究竟是团队里的谁，抑或是多人参与的“杰作”吗？我终究不知道“犯人”是谁。他们会有很多借口，如开个玩笑，拿错文件了，等等。此外，这在国际象棋里被称为“捉双”的战术，目的是让我在管理层面前出丑。如果我再把有人故意陷害我的事放到台面上来讲的话，又会显得我个人在掌控团队上有问题。这是个连环套。他们的算盘打得可真好。

老实说当时的我就像处于勇者斗恶龙游戏里遭到敌人含恨一击，屏幕变红的状态。我确实被震惊了。之后我的脸颊上立马就感受到了周围多道强烈的目光，他们都在兴致勃勃地期待着我接下来的反应。“玩国际象棋是我的强项，要规避‘捉双’的话那就是这一手了。”我拼命地控制着面部表情，就像什么事都没发生一样修改了文件，收拾了局面。直到现在我都不想回忆起当时我那张扭曲的极度不自然的脸……

另外还有一件对我造成极大伤害的事。当时我去参加了与宝洁北美最大客户沃尔玛的一次商谈，在商谈中我带着饱满的激情用英语介绍了我精心制定的业绩提升战略。我觉得我当时的发表十分清晰且很有气势。从现场的效果上来看自己感觉也很不错。你应该也还记得吧，那天好久都没有那么开心的我还在海岸海鲜超市买了上好的金枪鱼回来。

事情就发生在第二天。我被销售部门的大领导叫了过去，被暴怒的他当面斥责，他说道：“你是我们的累赘！”

“我从下属那里听到了对你的差评”，他的训斥从这句话开始，“昨天你突然丢给客户一个异想天开的方案，跟我们一直以来贯彻的方针背道而驰，现在客户那边非常混乱，来投诉了！”“而且你那蹩脚的英语，等你说完早就超过规定的 15 分钟，给客户的其他的日程带来很大困扰！”“从来没见过像你这样不了解美国文化、不考虑客户的家伙。你可以别来这儿上班了！”“算我求你了，下次不要参与客户的会议了！绝对不要来！趁早滚回日本去吧！”

他的辱骂一波接一波，但让我内心最受创伤的还是这句话：

“你啥也不是。你是我们的累赘！”

现在回想起那时的情景我的血压还会猛地飙升，那是我永远都无法忘怀的瞬间。被称为没有价值的存在，这对我而言是打击最大的一句话。因为我和很多人一样，在这个社会里为了能给除自己以外的人有所帮助而活着，说得极端一点就是为了能让我身边的人收获成功而活着。如果自己是个派不上用场的累赘的话，还不如不待在这个世界上。所以这句话无异于一击重拳砸在我心中。由于打击太大，我当时并没有进行什么有力的回击。我就像个无法踏出一步的守门员，被灰心、悲伤、愤怒、质疑各种无法形容的情绪困在了自己世界里。从他的房间出来后，强烈的腹泻席卷而来，但我明白这并非是因为昨晚的金枪鱼。

确实，我的介绍大概超时了10分钟，因为我无法把英语说得像美国人那般流利。但真的有那么差劲吗？对于没见过几次，完全不了解的对象，为什么能够如此单方面地进行辱骂并全盘否定呢？很明显是我团队里的销售人员从很早就开始对他说了很多关于我的坏话。真是太没天理了。

但我的演说水平确实还没到谁都挑不出毛病的水准，我作为负责人，都过去三个月了还未掌握这几十个人的人心，这是事实。综合来说确实是我的能力不足。这一点我最清楚不过了，所以现实才最为沉重。所以我也无法通过在内心指责他们来让自己的心情好受些。我自己的存在价值、自信，已开始分崩离析……

之后的第二天，是决定我事业明暗的分界点，也正是我在重压之下选择的行动才造就了现在的我。从那之后已过去了15 年，我依然坚定不移。

那天早上我其实特别不想去公司，甚至是害怕去。因为我知道如果去了公司还装作什么事都没发生过的话，我自己都无法原谅我自己。我知道应该采取的正确方式是什么，就是再一次和那位销售的大人物决一胜负。如果不让我出席和客户的会议，我回答“好的，我知道了”的话，那我就没法履行品牌经理的职责。所以我必须一到公司就进入他的办公室，做个了断。我脑子里想得很明白。

但一想到对方那魔鬼的脸会有怎样的反应，以及之后在整个组织中会产生怎样的连锁反应，我内心深处的那股底气就变得消沉起来。如果是战意满满的时候，那就什么都管不了了，但来到美国后作为被孤立的少数派，我在职场中的声音还很低弱，这对我来说十分沉重，说实话那时内心充满了逃离这里的想法。

那么从这种战争中逃离会怎样呢？想到逃离的一瞬间我感受了轻松，但那样就不会再有第二次以自己为中心发动全员做出成绩的机会了。但我现在在公司就像是空气或幽灵，想要在部门里拿出让大家点头的成绩基本是没戏了。好不容易带着家人离开日本跨海来到美国的全球总部，没到半年就被斩落马下的话，那我只好辞掉宝洁的工作了。

当然，离开宝洁我也可以在其他地方工作，肯定也能混得不错，这样不也挺好吗？我是北美总部头部洗护部门里唯一的日本人，也就是少数派。在不利于我的环境中我也忍耐了这么久。我遭遇如此残酷的对待，并不是我的错吧。是时候放弃了吧？这样的声音在我的脑中不停地回响。

不过让我觉得最糟糕的是，如果我失败的话，可能将不再会有日本人被派到总部工作的机会了。我背负的不光是我自己，还有推荐我的上司和下属们的期待，还有作为宝洁日本公司的脸面。如若放弃，北美的这群人肯定会看不起宝洁日本公司，也会看不起日本人。在我背后的还有日本公司里我的下属和后辈们不断延续的未来啊。要是这样，我还选择逃避的话，那我的人生就会被烙印下“逃跑”的印迹。

不，绝不能这样！这样做的话，我人生中最重要的东西也会随之破碎，而我也将一蹶不振。

我在床上裹着被子思考了好久，终于在最后关头下定了决心。失去方向时就挑难度最大的道路走！人的大脑为了选择轻松的路总是会施加偏向性，所以选择难度大的才是正确的道路。反正要倒下，还不如朝正确的方向前进，向前倒去。对，这才是我呀！我一定要这么做，一定要这么做！

抖擞精神的我带着刺客的眼神等在他办公室前，刚看见他我就一步上前。他被这突然袭击吓了一跳，做出了防御性的姿态，我站在他面前用比他昨天大一倍的可以响彻整层楼的音量大声说道：

“非常感谢你昨天非常直接的反馈。我会全力改进方案中不到位的地方，争取让你们满意。但不管你说什么，我都会参加和客户的会议，这是我作为品牌经理的职责。而且，如果实施了我的方案，无论是客户还是我们的收益，都会得到极大的提升，关于这一点我十分确信。如果我真的是你们的累赘，请你直接汇报管理层把我开除。只要我还坐在这个位置上，到最后一秒我都会毫无顾忌地工作，你也不用顾忌什么。我会拼死拿出成绩的！”

他有点吃惊，而我在呼吸了几秒后就离开了。一直被认为是个彬彬有礼的日本人的我，从此之后在大家的印象中变为了一个疯狂又危险的家伙。

之后我找到了努力的焦点。我请唯一一个对我表示友好的第二代巴西移民同事按照纯正的英语发音将 15 分钟的演说内容制成录音，然后我开始不停地练习发音和语调，直至在 14 分钟内就可以完美演绎（甚至至今我都能记得那 15 分钟的宣传内容，时不时地还会念叨几句）。其后我开始毫不畏缩地继续向客户介绍我的方案。不过，英语的努力虽然是需要的，却不是制胜的关键。因为光用英语是无法获胜的。就像此前我有过的几次经历，在逆境中就只能将你的强项作为突破口去寻找制胜的关键举措。所以我要用他们谁都想不到的“战略”取胜。我一定会用我的思考力在这里刻下日本人的“爪痕”。所以我拼尽了全力。

当年在美国我凭借怎样的战略做出了何种的成绩，又如何改变了周围人对我的评价和看法的呢？简单来说就是改善配货质量的战略，这个战略的具体内容写在《概率思考的策略论》（角川书店）的第 54 页案例 2 中，有兴趣的读者可以去读读。**重要的事情有两点：用自己的强项去战斗以及了解自己的强项。**

如果让对方清楚你是一个能拿出结果的人，而骑一匹快马的好处谁都清楚，所以人们就会追随你而去。一定要成为能让别人觉得跟着你可以保护他们自己的存在。这个逻辑极为冰冷但很明确，也是这个专业人士世界中的法则。

和负责销售的大人物产生摩擦后不久，辛辛那提真正的冬天来临了。和此前一样，别说得到身边人的理解和支持，我每天都在充满着紧张感的办公室里承受着煎熬。你也知道辛辛那提的冬天十分寒冷。由于地处美国中西部，早上 8 点天还是黑的，有时下起的漫天大雪还会引发 -20℃ 的寒潮。

在这又黑又冷的冬季早上，几乎每天早上，我都在我自己房间的床上用被子盖住头纠结着，“不想去，不想去公司！”即便这样，最后还是会被心中一根未断的线牵引着爬出被窝，站在镜子面前，仿佛祖国的英灵降临般对自己进行心理暗示，“一定要拿出结果，一定能拿出结果！”

此外，压迫我的还不仅是工作。夫妻带着年幼的三个孩子来到美国，生活上要安顿下来也并非一件易事。需要夫妻考取驾照，办理幼稚园的手续，办理家庭医生和牙医的手续，加上刚来时你妹妹就受了伤，还要带你们三人去打数量惊人的预防针，等等。这些事我不想让不擅长英语的你妈妈做，因为自己工作关系把家人带来美国，所以我自然要承担起责任。但是，白天要在办公室直面接踵而至的碰撞摩擦，在这种严苛的环境下要想和生活取得平衡真的太难了。

应该做却被落下来的事，在工作和家庭两方面都不断出现；作为团队负责人，我不被信任，重复着辜负自身期待的每一天；作为家庭的主心骨，我也无法回应你们的期待，每天都处于沉重的压力之下；对自己的评价也不断降低……特别是你，参加了4月份日本小学的入学仪式，又在9月份参加美国小学的入学仪式，在众多孩子中应该是压力最大的吧？因为你上的是本地的普通学校，所以听你说“我听不懂小伙伴和老师讲的话，你能了解即便这样我还要在学校坐一天的感受吗?”，看着你边哭边去上学，我真是心如刀割。

来到美国后，重压日益积累。秋去冬来，正是迎接新年的某个早上，我被自己鲜艳的血尿震惊了。此后，在工作和家庭的双重压力上，又新加入了因结石而像刀刺般的剧痛。新伤旧痛的双重苦。疼痛尿血的日子此后持续了数月。那个冬天对于我当时的战斗力来说，真的快到临界点了。一个人陷入绝境被击垮时，往往不光是因为工作，生活上的问题也会一同袭来。若仅是单方面出问题那还能解决，被工作和生活两面夹击的人会变得无比脆弱。

但是老话说，没有不会结束的冬天。我设定的战略终于达成了预期，从数字上呈现出惊人的结果，而职场上的问题也得到了极大改善。结果一出现，那群家伙态度的改变快过翻书。周围的人们开始认同我是一匹“能赢的马”并开始追随我，于是我变得可以调动更多的人，可以给出更大的成绩，甚至可以做成功的概率分布图！拯救我的是**集中于自身的强项**。准确来说就是选择“可以将自己的特质转变为强项的方式”，并朝那个方向前行。

家庭生活也走上了正轨。优秀的你仅用了三个月就对英语开窍了，到了春天已经可以流利地讲一口发音纯正的英语了，朋友也多了不少，这对我来说是莫大的救赎。之后我听说，针对巨大的环境变化，人类可以在半年内适应新的环境。不光是新员工、工作调动者、留学生，包括进监狱服刑的犯人都是这样。处于谷底的我和家人也正是用了六个月的时间，终于迎来了我们的春天。

说个好玩的事，精神上心有余力后，我在工作上也做了小小的复仇。我把我的中间名字设定成“Uesama（大人）”（日本人是没有中间名的！），让周围的人叫我“大人”。下属、同事，后来连上司在内，都在不知其意的情况下开始叫我“大人、大人”（笑）。“Morioka”或“Tsuyoshi”的发音对他们来说都很难，我也不想被叫作“马利阿奇”或者“秋亚西”（模仿美国人念作者的名字）。嗯，比起当初他们干的那些事，这种程度的恶作剧应该可以被原谅吧。被叫“大人”的感觉确实很好！

来到美国的第二年，由于工作上持续的成果产出，我赢得了认可，被升为市场副总监。家里也迎来了第 4 个孩子，家庭成员增加为 6 人。曾经那么想回到日本的我真正决定要返回日本的时候，竟然开始有些留恋美国的生活了。对那些曾让我遭受痛苦的家伙们，我居然也不可思议地产生了一丝不舍。其中那个负责销售的大人物送给我的临别赠言，我到现在也无法忘怀。

“Uesama，一开始尽和你起冲突了。你突然空降到公司，马上就开始觉得‘这也不是，那也不对，要改善这个，必须做那个’，每天都是这样……可以说毫无半点顾忌。听说日本人讲究礼节和谦虚，但这个男人到底怎么回事？我们对这里的市场研究了几十年，你就好像一直在说我们是笨蛋一样，对你这种强硬的态度我真的没法忍了……

但是某一天，你让我感受到了惊讶。上周英语还说得磕磕巴巴的你，仿佛突然换了个人一样，说得流畅自如。不知为何只有在演说时你的英语会带点葡萄牙语的味道。我这才发现你把 X 先生（帮我录音的朋友）的发音特点完全拷贝了下来。我在这一行已经干了很长时间，但还是惊讶于你强大的毅力。那一刻我才知晓你是一个多么认真，又多么有韧性的家伙。

你说话太直接，完全不在意前后的背景和过程。但不知为何我很能理解，你只是比任何人都想要提升业绩，单纯地比任何人都更加拼命罢了。你明明可以在短时间内创设出谁也想不到的点子，却又一点都没有麻省理工教授的那种举重若轻的感觉。你简直是头蛮牛！你有的就是那种向前冲的毅力和‘匪气’。所以你这个人很难搞！但正是这样的你，才能拿出这么多激动人心的成果！

你要是不在，我就没有吵架的对象了，还挺无聊的。所以啊，你不要回日本了，要不你回去后再回来也行！下次我会真心欢迎你！”

现在每天在佛罗里达过着悠闲自得日子的他，今年也给我寄了张抬头是“Uesama”的圣诞贺卡。双方在认同了彼此的实力后，才有了友情和尊敬。

改变环境，不断地让自己迎接挑战。你受的苦难越多，你成长的速度也就越快。因为你的视野（你所认知的世界）被大幅度地拓宽了。视野的拓展可以让你更加明确地意识到现在的自己和理想的自己之间的距离，这也是你各种能力提升的开始。当你逐渐经历越来越多的事之后，就不会再轻易地被一些事所触动。而我为了能生存下去，在感知到危机时，此前一直沉睡的遗传因子就会挨个觉醒。换句话说，这才是“环境适应力”的真相。

强大的人，可以配合环境改变自己，或者根据自己去改变环境，两者必有其一。这种能力在本质上任何人都具备，但很多人都选择让其沉睡，然后在遭遇人生无法规避的逆境时（如家庭因素、职场人际关系、不如意的调动或跳槽等），自己弱小的能量不足以支撑问题的解决，在还没适应环境之前就已经被击垮。

那些一直选择安全且压力较小的人生路线的人，如果运气够好，也许可以过得幸福，但绝对不会变强。不走出舒适区，力量就不会觉醒。我希望你能够有意识地让能力为 100 的自己不断承受负荷为 120 甚至 130 的挑战。我也会不断加速在旅途中的脚步，去往未知的世界扩展我的视野。外面的世界，一定充满着未知的盎然乐趣！

第6章

如何面对自己的弱点

Chapter
Six

06

面对“不安”，我们需要做什么

我自己也曾经历过，在漫长的职业生涯中，即使制定了战略，但事情似乎总是不会按照既定的计划进行。预料之外的事情就如同附骨之疽一般总是摆脱不开，也总会有很多自己无法掌控的选项被扔到我们面前，当然也经常有力所不逮的失败、挫折的出现，以及目标无法达成的情况。如果你原本给自己设定的目标就很高的话，这种困难可以说是必然的。

但即便是这样，“有战略的职业生涯”也肯定比“无战略的职业生涯”能将你带到更高的高度。在现实中，那些未来你无法预料的事占到了绝大多数。而当你好不容易搞懂了、弄清了，你又必须顺应新的情况去更新你的目标和可选项。当你掷出骰子后，还是得将命运交由概率之神来决定。

这样的现实一定会让你感到“不安”吧。我们可以先说一下结论，只要你今后持续成长下去，这种不安就会一直伴随着你。但这没关系，因为你其实可以习惯这种不安，甚至在你习惯与不安共处之后，你可以将这种不安当作燃料，不断地让自己变得更强。说得更明白一点，这种不安其实就是你正在挑战的证明。

现在我们可以再回忆一下关于自我保护的话题。挑战引发的变化越大，随之而来的不安也就越大。也就是说，不安是你发起挑战、想要克服自我保护的本能时，你内心的勇气所吹响的冲锋号。你越是不安就证明你越勇敢。还有一点，你预测未来的精准度越高，不安也会越强。如果你越是不安，就越证明你的聪明才智正在发挥着作用！综上所述，正在发起挑战的你"勇气"与"智慧"越是强大，越是能清晰地映照出一片"阴影"，这片"阴影"就是"不安"的真正面目。

所以，在不安面前有点胆怯的那个你其实已经很优秀了！我自己也经常会感到害怕（笑）。但是如果我说"我有点心里没底"的话，会使我的团队产生动摇，所以我选择了一种别的表达方式，每当这种时候我都会说"我浑身发麻"，这也渐渐变成了我其中一个有点奇怪的口头禅。"浑身发麻"也就证明你正承受着相应的压力，但反过来说也是你勇气与智慧仍然在线的表现。当然无论是不安还是压力，都会给人以痛感，但正是这种挑战所蕴含的"意义"与"价值"支撑着你自己的"轴"。

如果你能变得习惯的话，在商业世界的战场上无论发生什么事，这些在你耳边"喋喋不休"的各种状况其实都能让你乐在其中，到后面你甚至可以在任何状况下都能笑得出来……当然这并不是说你练成了“抖 M 体质（指有受虐倾向）”，所以你可以做得到。当你遇到所谓的最糟糕的情况时，你会逐渐意识到并理解这其实也没什么大不了的，然后你就能越过它。你在挑战过程中收获的宝贵经验，会使天平另一侧因“不安”的重压而下沉的托盘重新回到平衡的位置上。

对于职业生涯来说，眼前目标的达成与否其实并不是全部。最重要的是你在朝向目标努力的过程中从未停止过成长。成长会使你达成目标的概率提升，只要你不放弃，总有一天能达到你想去的终点。相较于“不挑战所以不会失败的自己”，必然是“勇于挑战所以经历失败的自己”会成长得更加强大。

只要你使劲全力，即使失败跌倒了，只要再爬起来就好了，那时候的你肯定比之前的你更加强大，所以真的不必害怕。事实上，在经历一场大败时你得到的经验和人脉往往会为你打开一扇新世界的大门。当年的菲丝克也是一样，就算失败了，只要你能因此获得成长，其实就不算什么大的损失。在理解这一点后，当你直面内心的不安情绪时一定也可以绽放笑容。

我们可以试着冷静地思考一下。在理解了以上这些理论后，不安情绪及其背后的风险到底是什么呢？你所在的公司或组织能对你做的最坏的事是什么？你在踏入社会后进入某家公司工作，每天都积极地去迎接挑战，就算你引发了一次大的失败，难道谁还会来取你性命不成？最多也就是："你明天不用来公司上班了，你被开除了！"这种吧。这有那么可怕吗？

你知道吗？实际上那些被辞退者中的绝大多数人仍好好地生活着。被辞退了就再找一个容身之处就好了，就这么简单。只要你意志尚存，就一定能支撑你继续活下去，说不定你可以借此机会打开人生的新局面也未可知，所以又有什么好怕的呢？在这个广阔的世界里生存下去的方法，又或是发挥自身所长的环境其实数不胜数。如果你想尝试做生意也完全可以，真想做的话，只要仔细思考就能够发现很多商机与切入点。既然这样，那大家为什么都如此恐惧于失去现在的工作呢？

其实这种恐惧心理的一半以上都来自于自我保护本能所投射出的幻象，而这个幻象会告诉你：离开这个山头的话，你就会饿死！所以并不是你的理性在畏惧被开除这件事本身，而是大脑的本能为回避因变化发生带来的压力而使你产生害怕的情绪。就这样，很多人都被自己的大脑持续欺骗着，一直在尽可能地回避变化，并逐渐演变成了一种对于变化的恐惧心理。就像现在的日本社会，这种"怕疼的人"正变得越来越多。

"怕疼的人"之所以怕疼，是因为在过往的人生中他们并没有积淀出能够应对眼下变化的韧性，所以他们从不挑战，只习惯于选择逃避眼前发生的变化。而不去挑战就无法成长，从而陷入不进则退的尴尬境地，你会越发地依赖你居住的这片山头，只要能够被允许继续留在这儿。你终有一天会沦为别人的

“奴隶”，在惶惶不可终日间过着一种近似于胆小的羊或鸡一样的生活。当你不去主动选择时，就相当于你被动地选择了这种人生。

而在这种人生的前方，等着你的会是更加糟糕的“不安”，难道不是吗？这样看来反而是缺乏挑战的人生才会充斥着这种恶性的不安感，甚至可以说这是没有自信者“永远也抹不去的不安”。请你好好想一下，这真的是你想要度过的人生吗？难道你就是为了体验这种人生而降生到这个世上的吗？

不！既然无论哪条路上都有不安伴随，那就应该选择挑战带来的“不安”。因为这种不安是良性的，在习惯于这种压力后，它甚至可以成为你的朋友。而挑战的“不安”也是你对未来的一种投资，如果你逃避这种压力，就相当于你拒绝承担失败的风险，也就意味着你放弃去挑战任何事物。久而久之，你就会被“永远也抹不去的不安”缠上并被拖进无尽的黑暗中。

希望你能认真思考一下，去想象一下你在临死前嗫嚅着“我的人生没有任何失败……”即将迎来寿终正寝时刻的样子。你真的可以不带一丝悔恨前往另一个世界吗？没有任何失败就等于没有经历过任何挑战，相当于在只有一次的人生中没有做过任何尝试，这就是胆小者浪费人生的真实写照。没有经历过失败的人生难道不正是最大的失败吗？人不管做了什么，又或者什么都没做，最后都会迎来生命的尽头，所以真的不用顾虑太多。也正因为人终有一死，所以没必要去畏惧任何挑战。相反，如果在有限的时间内不去尝试你想做的事，才是真正的损失。

因此，即使是内心的不安让你汗毛倒竖，但仍然选择正面迎接挑战的你真的很优秀！疼痛也好，不安也罢，其实都是你认真活着的证明。也正是在这一瞬间你会感觉你真正“活着”。物理意义上活着，但实际上“不知是死是活”的人其实有很多，在这样的大环境中你能鼓起勇气踏出舒适圈，燃烧生命，向某一领域挑战，真的是难能可贵！如果这条路是你自己选的话，那就满怀自信地走下去就好了，因为你的勇气与智慧会一直与你同在。

所以你大可以给你心中的“不安”以“居住权”，给它一个安身之处。你也应该认同这是一种“挑战者的证明”并为自己感到骄傲。不安什么的其实也就这么一回事。能够与适度的不安共处的人生就是能够持续成长的人生，也能成就一个独一无二优秀的你。只要你持续磨炼你自己，这种“不安”就一直伴随着你。但正如前面所说，你可以习惯它，甚至你很快就不再因为一些小事而产生不安情绪。伴随着成长，能力与自信都将与日俱增，曾经令你感到不安的事也都不再是问题。

在这一过程中得到磨炼，逐渐成长起来的你，对于“挑战”的难度会有更高的要求，会渴求更加高强度的挑战，那时你会重新选择一个能让你再次感受到“不安”的挑战，希望借此成为一个更强大的自己。这种循环只要一直持续下去，你就不会停下成长的脚步。但相反，只要你持续置身于令你感到舒适且没有引发不安的环境中，你的成长将会戛然而止。这种循环究竟能持续多久？你又能成长到何种地步？真的完全取决于你的目标在何处。每个人都根据自己的价值去选择就好。

但至少现在的我，希望这种循环能够一直持续到我死去的那一瞬间。当然这种想法会不会伴随我的一生还不得而知。我如今46岁，为了寻求挑战我加入了宝洁，为了寻求下一个挑战我又加入了日本环球影城，之后为了体验更大的挑战我选择了创业这条路。我可以肯定的是，正是一直坚持不停歇地维持这种循环才有了今天的我。

但前方仍有我未知的舞台与人生境界。现在的我处于人生中最健康的状态，但再过数十年我的体力与精力都会发生变化，之后会发生什么谁也不知道。但是，即使是更加高龄的状态，我也见识过好几个能够持续这种循环的实际例子。在我看来，这些与我有过交集的专业人士无疑都十分耀眼。

就比如当年日本环球影城的格伦·甘佩尔。他直到67岁从日本环球影城退休为止，从未停止过高强度的挑战，他将家人留在美国，只身来到日本，将自己的12年的光阴都献给了日本环球影城的一系列挑战。无论在多么困难的时候，他都能专注于业务，一心争胜，用极致的思考力一路披荆斩棘，最终赢得了挑战的胜利。反观二十年后的我，也能像他一样凭借强大的执念将自己燃烧的如此璀璨吗？这是我所向往的，我也不会轻易服输，但说真的我自己都没有什么信心。这也恰恰能反映出他的挑战精神有多么强大。

那些经历了半个多世纪自我锤炼，由强者们散发出的耀眼光辉我已见过多次。不止格伦·甘佩尔，我还有幸见识过多位历经挑战者的英姿。年华老去并不一定意味着只有失去，他们用自己的背影告诉世人，老了仍然可以活得很充实，仍然可以为社会做出卓越的贡献。因此，有朝一日我也想为你们展现出这样的背影。

对于生活在百岁时代的你们来说，究竟怎样度过漫长的人生才能算得上是充实且有意义呢？如果一旦染上了惧怕挑战的毛病，想必这一生都会过得无比无聊吧。所以我推荐你选择与不安共处的人生道路。这种决断和觉悟虽说越早越好，但只要你理解了并且决心要让今后的人生绽放出真正的光彩，那么任何时候都不算晚。

只有学会拥抱不安，人才能收获成长，才能成为真正意义上的大人，才能开阔你的视野。不安的出现也就代表着你已用自己的双脚踏出了迈向属于你自己世界的第一步。也正是从此刻开始，你所看见的风景就是你的世界。Welcome to your world！（欢迎来到你的世界！）

如何面对“弱点”

在接下来漫长的职业生涯旅途中，你一定会面临“如何克服自身弱点”这一课题。克服弱点的原动力当然可能来源于你的自觉，但更多的应该还是来源于“整个社会”在不考虑你个人特质的前提下，施加于你的各种影响。不管是公司还是你的直接上司，平时念叨最多的也是你的不足之处，然后一味地要求你进行改善。

就像在之前的篇章里所论述的，公司付给你薪水，是因为你用你的强项为公司创造了价值，而不是用来褒奖你为了克服弱点而付出的努力。要是想实实在在提高年收入的话，就必须持续强化你的长处。因此，当你被要求改善你的薄弱之处时，就算面对的是上司的明确指令，你也要冷静地去判断究竟应该投入多大的资源以及改善到何种地步。即使是表面上做做样子应付了事也好，你真正要做的是从本质上忠实地依照你制定的职业生涯战略行事。

那么当我们真的面对这种情况时应该如何判断呢？首先，我们要搞清楚你被要求的、被期待采取的行动是否符合以下三种情况：①你被要求改善的点与你的个人特质与强项完全相反；②你被要求改善的点能让你的特质与强项得到进一步强化；③暂时无法判断。

从一开始就应该放弃的是①所代表的情况。这种完全抹杀你的强项、令你陷入矛盾的要求是绝对不可能使你从内心上接受的。而之所以会对你有这种要求，恐怕也是完全出于你上司及公司利益的考量，但对于你个人而言，可以说是半点好处都没有。就像硬要一个茄子变成番茄一样，只要你自己不认同，就没必要接受。或者说至少这个决定要来自于你自己而不是公司，你可以嘴上说“好的，我会努力的!”，然后发挥自己真正的优势，把注意力放在找到解决问题的方法上，如果这样还不能得到认可的话，那么就主动去换一个愿意认可你的环境就好了。

而②所代表的情况，就是你真正应该打起精神去解决的课题。比方说现在有一个志在将分析能力当作谋生工具，从事市场营销行业的 T 型人，有一天他被上司指出不应该光做自己擅长的、基于量的数据分析，而是应该多做能够揭示本质的调查，来培养多维度的判断力。这明显是一个非常好的建议，他应该努力去改善。自己是否擅长某一件事，如果不去真正尝试一下，是无法弄清楚的。同时有些事做了才会发现自己真的不适合，甚至会苦恼于自己的力有不逮。但至少尝试了之后，你能对自己的特质有进一步的认识，这种好处是显而易见的。

所以在这一层面上来说③的情况也是一样的，有些东西你得尝过了之后才知道好不好吃。如果一开始无法判断的话，不妨先按照上司的要求尝试着做做看。可以积极地去努力一下看能不能达成一定的成果。随着这种尝试的进行，你“喜欢的动词”说不定也会增加。如果是这样的话，你就必须感谢你的上司为你提出了有建设性的建议。

其次，在一番摸索之后，你可能发现你还是不擅长、不适合，这种情况也很常见。这种时候你需要冷静地分析一下“做不好”的理由究竟是什么，是不够努力，还是方法不对，抑或是和自己的特质不相匹配？为了能做出正确的判断，你需要认真地去尝试并花费一定的时间去努力。

如果你经过认真尝试，最终得出自己无法做到的真正理由是和自己与生俱来的特质相冲突的话，那么就适用于①的情况，完全可以立马放弃。而如果你被要求学习改善的领域对于实现你的个人品牌设计图来说十分重要的话，虽然有可能你现在还做不好，但却值得你付出长期的努力。

那些能够被人所克服的弱点，或者说应该去克服的弱点，其实只存在于一个人所拥有的，能转变为强项之特质的附近。在我看来除此之外的努力基本上都不会得到回报。也就是说，要去克服的是阻碍你的强项变得更强的那些弱点，这之外的无畏努力应该尽早放弃。是的，就是放弃，也就是让自己从一个根本不会有回报的领域战略性地撤退。选择“不去做某些事”的意识其实很多人都相当缺乏，但往往这一点又极其重要。如果别人说什么你都要照着去做、去改变的话，你有再多的时间和精力都不够。而如果你这样做了的话，你也只能变为一个失去自我、毫无存在感的人。

但同时也存在这种可能，这个需要你去攻克的领域对于你的工作和事业十分重要，这在社会生活中十分常见。特别是对于我这种性格十分鲜明的人来说，简直就是家常便饭。所以，我们都需要找到一个面对“弱点”的终极方法。你也一样，必须学会如何发挥他人的作用来解决问题。这就是L型人十分擅长的用人术，即所谓的领导力。

个人兴趣爱好的范畴姑且不论，在任何一个专业领域，想要将完成一项目标所需的所有能力全都汇集在一个人身上是不现实的。如果真有人想朝着这个方向努力的话，最终也只能把自己变成一个在各个方面都是半吊子的人。如果你在某几项专业领域十分突出的话，那么相应地你也会有几项十分不擅长的工作。因此，在自己不擅长的领域去借助他人的力量就变成了非常重要的战略手段。

你在平日里就要留心去寻找那些与自己在性格能力上互补的专业人士，关注并重视你周围的情况。另一点，就是要让自己的强项尽可能地为自己周围的人服务。这样就能在某一目标的感召下，在你的周围逐渐聚集起一支团队，通过每个团队成员各自的强项和优势来减少团队机能上的死角，以成为一个近似完全意义上的“生物”为目标不断补充和增强各种能力，这就是集体的力量。

把时间和精力花费在克服与自身强项处于两个极端的弱点

上，可以说是一种极其浪费的行为。有这种闲工夫的话还不如去寻找一个拥有你需求能力的人，放低姿态去请他帮忙的效果会好得多。在通常情况下，那些拥有你所不具备的强项的人，会被你的“突出”之处所吸引。其原因在于，你和对方极有可能拥有完全相反的性格特质。当你能够客观地发现并认知自身的弱点，并去求助他人的力量时，你就可以为对方价值的充分展现创造相应的环境。当你让别人绽放光芒的同时，你自己也会变得同样耀眼。

因此，在今后的职业生涯道路上，你在关注自身的同时，还必须要细心观察自己身边的上司、同事、前辈、后辈、部下等，用心去发现他们每一个人的“特质”。这里要注意的是，在观察一个人的时候不能光看他现在有什么技能，应该连他们未被打磨的特质也纳入考量，去发现他们最本质的闪光点。如果你能意识到这一点的重要性并开始运用到日常的待人接物中的话，你就能很好地察觉出别人“喜欢的动词”究竟是什么。而当你渐渐精于此道之后，你就很有可能成为非常优秀的L型人。

充分理解别人的优点非常重要，但需要我们特别关注的并不是和我们相似的人。因为人都有过度认可和评价与自己相似之人的倾向。这来源于我们大脑的自我保护意识，表现为无时无刻地施加自我肯定的信号。我们最需要关注的，其实是那些与自己不同类型、拥有不同特质的人，你需要找到他们，认同他们的价值，创造一个能让他们充分施展才华的舞台，尊重并好好对待他们。就像曾经的格伦·甘佩尔对待我的方式一样。因为人会在潜意识中不自觉地为那些认同自己价值的人拼尽全力。

相比于单纯地用 50 把小提琴演奏的乐曲，必然是由多种音色不同的乐器组成的管弦乐团能展现的乐曲更多。这就是“Diversity（多样性）”的真正价值。如果你真的想在职业生涯中成就大事业的话，就应该留心身边不同的音色（思考的多样性）。领导者的工作就是找到一支大家都想弹奏的曲子，明确告诉大家乐曲的旋律，充分调动各自乐器音色的特点，最终形成一支美妙的乐曲。如果“演出”效果上佳的话，那么在挥动指挥棒的你的身后，一定会在不知不觉间聚集起一大批观众，为你们的精彩演奏感动喝彩。

在我重振日本环球影城的时候是这样，如今我创立的“刀”能取得一些令人瞩目的成果也是这样，这一切都是因为有一群性格特质各异的伙伴愿意与我一同前进。

在我刚刚举起“刀”的大旗时，有多到手指脚趾加在一起都数不过来的优秀人才聚集到了我的周围，他们中的每一个人都是在各自的专业领域能够一骑当千的精英，但因为同一个目标，我们走到了一起，一同踏上了一段共同的旅程。在“刀”成立之初，只是一家无法判断未来会怎样的小公司，而我是一个在能力强弱差异上十分分明的人，也不是什么大富豪，但这些人却愿意舍弃安定跟我一同承担创业的风险，我发自内心地感谢他们。

经历了当初没有营业收入的痛苦时期，如今公司的发展也已经进入第三个年头，在这期间没有一个人离职且团队士气不断提高。现在，登上我的航船与我一同冒险的同伴已经达到了30人，通过汇集他们的力量，团队的死角正不断被消灭，“刀”也取得了显著的商业成果。他们就是最值得我珍视的存在。而我所说的面对“弱点”的终极方法就是如此。

还记得你在因为交友关系而烦恼时我对你所说的话吗？“你一定会在将来的某一时间点上结交到伙伴，所以你可以看淡一点，‘朋友什么的其实并不需要’。”没有朋友，交不到朋友，与朋友相处得不好等，其实完全没有必要为此类问题而烦恼。当然，你应该珍视那些超越了利害关系的挚友。但也完全没有必要因为自己还没有这样的朋友而苦恼。我真的这样认为。

从本质上来说，我们每个人都在自己的人生中扮演着主角，事实上也应该如此。勉强自己去在意并照顾对方的感受，去维持一种“表面朋友”的交友关系，这种本来各自的人生目的就不同，还想委曲求全的想法从一开始就是强人所难。就算硬要凑在一起，也会因为各自目的的不统一而感到局促和难受。所以朋友并不能和你一同分享你职业生涯与人生旅途中的风雨。

如果你有时间去烦恼以上这些问题的话，还不如早点去找寻自己真正想做的事，然后让自己投入进去，去立起自己的大旗一路向前就好。朋友什么的真的没那么重要。如果你想去追求你的目标，那么你就一定会在途中遇到一群与你合拍，有共同追求的真正“伙伴”。这就是我认为的面对“弱点”的终极方法。

想要改变时的诀窍

现在就让我来告诉你，当你想要改变你的行为模式时，如何实现这种改变的诀窍。这一诀窍在我之前所著的《戏剧性改变日本环球影城——就靠这一种思维走向成功的市场营销入门》中已有过详细的论述。因为这一内容十分重要，所以在这里再回顾一下应该也没有坏处。人就算想要改变自己，却往往很难成功。为什么？其原因在于，当你下决心改变自己并完成意识上的转变后，到落实到真正的行动之前其实存在一种“时间差”，而经受不住这段时间差的考验，就是你一直无法完成转变的原因。下面我将选取重点进行具体的解释说明。

我要改变自己的行为！在你下决心的瞬间，你在意识（Mindset）上的转变就已经完成了。但是，实际行动能否改变是一个由神经反射及肌肉动作决定的物理性问题。在此之前你的行为模式已经被你的脑细胞和神经反射记录了下来，所以你在无意识中的行为会在大脑和神经的掌控下按照某种默认的模式进行。而要打破这种默认的行为模式，就需要花费大量的时间让新的神经反射及肌肉运动取代原有的模式占据主导地位，也就是要一点一点地让你的“身体”学习和记忆新的行为模式。

总结来说就是行动的改变需要花费大量的时间。有些人觉得意识转变了，自己也就改变了，但其实在实际行动层面上的变化并不会随着思想的转变而立马发生。所以在现实当中，意识转变后的你仍然在重复着旧的行为模式。我们经常能从上司的口中听到“我之前提醒过你对吧，同样的事情不要让我说两遍！”这种话。你的另一半也肯定说过“你就是嘴上说说，实际上什么改变都没有”。而在听到这种话之后，你就会产生这种感觉：“我真是一个没用的人。”所以人真的很难实际改变。

没能熬过意识变化→行为变化之间的时间差，让周围的人失望，甚至自己都对自己失望，于是你失去了为改变而持续努力的动力。也就是说这种物理义上的矫正训练变得无法持续下去。在这种情况下人的行为自然不可能完成转变。

那么，在我们想要改变时能够使之成功实现的诀窍究竟是什么呢？那就是从一开始就不要想着一下能立马改变，要意识到这是一个需要花费时间并付出持续努力的长期过程。也就是说要让周围的人和自己对改变的整体过程设置一个合理的期待值。下面我想举一个我自己的例子。

我在你母亲无数次的强烈要求下，被迫同意要舍弃男子汉的骄傲，从站着小解改为坐着进行，这是一件真事。前两天我的飞机延误了，使我有了一点时间完成了一项研究，即站着和坐着两种方式，虽然根据位置、能量的不同产生的飞溅由于随机性存在一定的波动偏差，但各自飞溅的扩散范围究竟能有多大的差距呢？我试着计算了一下，结果比较之后发现你母亲的主张是科学且极其合理的，我自己也从内心上接受了这一要求。“太可怕了，以后还是坐着解决吧”，这就是我的直观感受。

接下来，在下定决心改变自己的行为之后具体应该怎么做呢？可别小看了这具身体46年来养成的习惯（神经反射与肌肉的联动）。我可以很容易地就想象出我冲进洗手间站着就解决的场景。是的，敌人就是“尿意的催促”！但是，我自己很清楚这种改变不可能一蹴而就，所以我也不会对“站着就解决的自己”产生不必要的失望。

一开始如果能做到5次中有1次（1天约1次）能坐着进行的话，我就会认可我自己的努力。这样慢慢就能做到5次里能有2次成功，这时候就应该像这样再一次认可自己：“我真棒！已经超越公狗了……”当我想到要在马桶盖内面贴一张纸写上“请坐下”这一主意时，我会再给自己一个鼓励：“我，一个优秀的灵长类！”通过这种方式，我相当于建立了一个能够让意识转变不断落实到实际行动上的“机制”，且这一机制可以说十分好用。

按照这种方式，渐渐地我能够做到 3 次，又过了 3 个月，我已经基本上能做到 5 次中有 4 次，或 5 次全部都坐着进行了。如果能够持续想着用这种方法去鼓励自己的每一点进步的话，那么在将来的某一时刻我一定能在无意识的状态下就坐下来，形成一套新的神经反射与肌肉连动的模式。就像这样，利于目标达成的行动被持续坚持下去的概率就会不断提升。如果想要将意识转变与行为变化很好地衔接在一起的话，就需要做好准备、想好对策去应对这种“时差”。

在现实的职场中，你的上司和周围的人很少会耐心地等待你完成“华丽的转身”。在通常情况下，与从意识转变到行为变化之间的时差做斗争的只有你一个人。所以就想开点，尽情地让周围的人失望吧，但你自己必须将这种思想上的转变继续下去，并为之付出长时间的努力。如果这种行为变化对你来说意义重大的话，首先你自己绝对不能放弃。就算失败了无数次，那就在上一次的基础上再开启新一轮的努力就好，只要不放弃，你就一定能收获新的行为模式。

而当你以后也拥有部下，并且向他施压要求他快些转变时，请想起这部分的内容。与其让你的部下孤军奋战，不如在他成功转变 1/5 时给予适当的认可和鼓励，相信这样你的部下会更快地朝着积极的方向转变（其实对于自己的孩子也是这样……）。自身的成长与进步无疑是一件令人开心的事，但如果能通过自己的影响让周围那些值得珍视的人也发生好的转变的话，我想这个世上大概很少有机会能体会到如此纯粹的喜悦了。

诚然，一个人要想改变委实不易，但只要不违背你的天性，根据方式方法的调整还是能够实现的。茄子不可能转身变成黄瓜，但茄子如果想成为更加优质的茄子的话，行为模式的转变极其重要。不管是对你自己，抑或是对你负有培养责任的对象、伙伴，“关注”与“支持”都是必不可少的。

写给未来的你

作为一个总是舍不得孩子独立的父亲，幸好你自己有离开父母的决心，去开启真正独立的人生。因此，在这个以求职为分水岭的关键点上，在这份长长的手札最后，我仍有想要传达给你的信息，希望你能理解爸爸的苦心并把它读到最后。

你出生的 20 世纪末，是一个日本处于历史低谷的年代。在泡沫经济彻底破灭后，促进社会发展的变革几乎陷入了停滞，人们完全看不到经济复苏的影子，彼时关西地区还留有大地震留下的满目疮痍，甚至出现了世纪末日、世界灭亡的预言，这就是谷底的景象。虽然 20 多年过后的今天日本依旧彷徨着，但与现在的人们相比，那时候的日本人就好似被囚禁于不景气的深渊中不得而出。

那一段岁月也是我个人职业生涯的低谷。刚走上工作岗位的我在精神上一度被逼入死角，甚至不敢接电话。但即便是这样我依然不曾放弃摸索，为了用自己的方法找到一条活路，每天都在艰苦地奋斗着。而就在这时，你来到了这个世界上。也正是你们这一代人，成为出现在日本谷底时期的“一道光”。

记得当我第一眼见到刚出生的小小的你时，你正睁着大眼睛、用炯炯有神的目光来回打量着周围的环境，仿佛是在确认这个新世界的一切。对自家孩子毫无抵抗力的父母真是可怕，我心中所想还未说出口，就被你妈妈一字不差地抢先说了出来：“这孩子看起来真聪明！”（笑）

我就这样第一次抱起了还在瞪着大眼睛“睥睨”着这个世界的你。多么小啊！为什么这么可爱！你忽然抓住了我的左手无名指，从你小小手掌传递而来的温度是那样梦幻又如此真实。你那如米粒般大小的指尖抓住的，不是我的一根手指，而是我的全部。

那一刻，我体内一直沉睡的DNA程序仿佛被唤醒了，我整个人也像是打开了某种开关，如果非要用文字来表述的话，大概是为了这个孩子我必须像发了疯一样努力……这是我当时心中萌生的最直接的想法，但这仍然不足以表达我当时所感受到的触动。这种感觉就像挡在我面前的不管是人还是狗熊，我都能将其一拳打倒，我还能飞上天甚至去征服世界！这是一种突如其来的“无所不能”的感觉。当然这是没有任何根据的，但这种“什么都能做到”的“自信”就这样“咚”的一下，万分真实地出现在了我的脑海之中。在从医院出来之后，我抬头看了看那片高远的天空，那份蔚蓝我至今都不曾忘却。

小小的你却给了我巨大的力量！甚至可以说你赋予了我继续活下去的意义。踏入社会后不断经历挫折的我，在摸爬滚打中不断被逼入绝境，精神也几近崩溃，但就在这时你的出现一下子就让我振作了起来。自你出生的那一天起，我的干劲就仿佛永远也用不完似的，如同爆发的火山一般“咣咣”地不停往外喷涌出力量。是你，让曾经懒惰的我变得不再轻易认输，也让我认知到什么才是我该做的。

在此之前我就像大多数人一样，将工作干得“差不多了”就下班回家。但我渐渐对自己的工作质量感到不再满足，总是想着怎样才能让工作在交付时增添一份只有我才能创造出来的附加值，慢慢地这种对工作的精益求精变成了一种理所当然的习惯。而我也逐渐变得乐于去接受各种各样的挑战，也能够在竞争激烈的环境中如鱼得水。我告诉我自己，必须尽早成为更加能干的男子汉才行，因为我是你的父亲。

就算工作上遇到些许问题，又或是因工作而筋疲力尽，这些对于我来说已经不再是问题。因为，只要我一回家，就有一个或哭或笑的你在等着我！遇到周末，我就会给你披上小鸡斗篷，让你坐在我的右肩上带着你去公园玩一圈，这对于我来说就是最完美的周末了。只要能有与你共度的时间，一周辛勤的工作仿佛就都有了回报。你的降生对我来说，真的就是字面意义上的“天使降临”……

在此后共同相处的二十多年里，我在你身上倾注了许许多多的期待，也有很多东西想要教给正在长大的你，希望能将这个世界的有趣之处与美好通通都让你知晓。当然，对你来说肯定不都是有趣的事情，也有很多会让你觉得厌烦的事物吧。甚至有些不仅没能帮你打开人生的视野，结局只是变成了将我自己的价值观强加于你。而写下这篇长长的手札，也算是一个溺爱子女的父母较为典型的行为了吧。

自你出生那天起，已经过去了二十多年，不由得让人感叹时间的流逝。曾经那么小的你，如今也迎来了踏入社会的时刻。我衷心希望你能遵从自己内心的意愿去选择你应该前进的道路。能决定你未来的只有你自己！在众多正确答案中选择一条你喜欢的道路，然后只管一路前行就好。

人生的路上无须回望，只需要在前进的路上不忘思考充实的人生究竟需要的是什么就好，父母的期待与尽孝什么的你完全不用考虑！因为就在你用小小的手掌抓住我的无名指的那一瞬间，你一生该尽的孝道就已经全部履行完了。你们的降生给这个家带来的巨大幸福，甚至让我忘了在你们出生之前我过得是一种怎样的生活。从你们出生到现在这段一同度过的二十多年时光里，我觉得我比世界上的任何人都要幸福快乐。

爸爸相信你的能力与潜力，所以对于你的未来我没有丝毫的不安。凭我自身的经验判断，你一定能够发挥你的天赋开拓出一条属于你的道路，未来你也会成为别人的强大助力，给他人带去裨益，我对此深信不疑。你一定可以的！

你在小学时代经历了日本和美国两种教育环境。4 月份入学刚与伙伴们熟悉了没多久，第一学期刚结束就被迫离开，来到美国参加了当地小学 9 月份的入学仪式。当时摆在你面前的岂止是文化差异这么简单，在语言完全不通的情况下还要每天去学校上学，在刚开始的几个月时间里每天拼命学习英语，在半年后终于适应了新环境。但几年之后，你又不得不告别好不容易融入的美国生活和自己的朋友，作为归国子女回到日本重新去适应各种事物，这个过程是痛苦的但也是非常宝贵的经验。经历了两次大的环境转变，也在适应环境的过程中锻炼了你应对压力的韧性，这无疑都是你宝贵的人生财富。所以你一定没问题！

其他还有很多，对吧？人生不光是成功的经验，还有众多的失败、痛苦的回忆、不堪回首的过往、后悔莫及的选择，等等。当然并不是只有你是这样，一个人如果活了二十多年必然会经历许许多多，会有痛苦，会有辛劳，也会有挫折，但就是因为有了这些经历，你才能提高对压力的免疫力。至今为止的任何一次辛苦付出与失败都会成为宝贵的人生财富。还有你今后即将经历的一切也是一样。其实正是这些辛劳与失败才是打磨自己最好的砥石。所以不要畏惧挑战！你一定没问题！

作为你自己人生的主人公，你应该自由地去描绘属于你的世界，选择你自己喜欢的道路，失败了就从头再选，尽情地享受人生就好！面对无尽的烦恼与失败，用你自己的方式给出答案，不断前进就好！如果到了快要坚持不住的时候，那就好好休整一下再上路，所以没关系！只要你不停止挑战，你就一定能有所成就。所以任何时候都不要让心底那颗自信的火种熄灭。

用你喜欢的方式让你自己的人生熠熠生辉，这就是我对你的全部希望。

这里我有一句话想要传达给未来的你。你将启程前往一个怎样的世界呢？这让我的好奇心躁动不已。

希望以后能有机会倾听你跟我讲述你的精彩经历。目前为止我传达给你的这些个人见解，希望你能按照你自己的理解去更新它。而我今后也会继续提升我作为“猎人”的手腕，打到“美味的野猪肉”的话我们再一同享用。

独立后的你将成为一个职场人士，而我同样作为一个职场人士也还要继续我的旅程。我们仍将是父亲与孩子，但同时还将是对等的职场人士。我万分期待未来的某一天，我能以同是职场人士的身份面对面地倾听你的冒险故事。

这部手札已经积累了相当的分量，虽然絮絮叨叨写了这么长，但其实最想传达给你的信息已经写在了开头，那就是：

“谢谢你出生来到这个世界！”

父亲留

写在结尾

你一定能飞得更高！

所谓的职业生涯，就像是一场必须奔跑数十年的马拉松。求职只不过是你迈出的第一步而已。所以，对于一个渴望孩子成功的父亲来说，最应该教会孩子的，就是如何在漫长的职业生涯中收获成功，这是最本质的问题。

我的四个孩子终究会找到自己的方向踏上社会，而未来他们又会发展得如何呢？现实世界里哪有那么多的一帆风顺。在遍布挫折的道路上，当跌倒之后如何能让他们自己站起来，继续去为自己的幸福奋斗？这本书就是我拼命思考后凝结成的心血，也满载着我作为一个父亲的执念与期待。

作为一个舍不得孩子们独立的笨蛋父亲，至今为止为了孩子们的未来，除了本篇之外，其实还写下了很多长篇手札。此次之所以将其中的一部首次展现在读者们眼前，也是希望能够帮助更多的人获得自己职业生涯的成功，并通过这种方式间接地为日本的未来施加些许积极的影响。既然决定出版，我唯一的期望，就是能通过这本书，给那些正为自己职业生涯及人生而烦恼的人带去一些思考和刺激，并从结果上真正帮助到一些人。

我想表达的，就是强烈地希望大家都能成为寓言《蚂蚁与蟋蟀》中的蚂蚁。或许有很多读者会觉得我的见解过于严苛，听着很心累，因为这些内容听起来其实可以总结成一句话：“根据自身目的，将自己的特质变为强项，并不断磨炼它直至生命的最后一刻！”所以肯定有读者会有“感觉好累啊”“这种没有尽头的努力根本做不到”这样的直观感受。我本人自从小学写书法开始，就对这种需要日复一日努力的事情十分头疼，也从来没在这上面成功过，可以说是一个天生的懒人，所以对于大家的这种感受我十分理解。

也正因为如此，我才不停地强调希望大家将自己的精力放在“喜欢做的事情”上。做自己不喜欢的事情自然无法坚持付出长时间的努力。而如果一个人连在自己喜欢的事情上都无法倾注热情的话，那么这个人无论做什么都不会真正努力，也就意味着这种人根本无法掌握什么特别的技能。在社会的游戏规则下，这种人如果有的只是逆来顺受的觉悟的话，那么大可以去享受这种“蟋蟀”式的人生。如果这就是合乎你需求的“选择”的话，那么也谈不上是错误。

但是在我看来，还是应该去相信“人会为了自己真正喜欢的事情而不懈努力”，因为这无疑会给自己的人生带来积极的信号。那些在当今社会上取得成就的优秀职场人士，无不是在自己的道路上不断积累、不懈努力的人，他们的“真实面目”是一群“成功的发现者”，因为他们成功地发现了能让自己不断为之付出努力且自己真正喜欢做的事。所以，去倾听自己内心的声音吧，去找到那个让自己觉得有趣并愿意投身其中的职业，在工作中不断拓宽自己的世界，然后去发现更令自己沉浸其中的要素，只要你能够找到它，其实你自己并不会觉得像蚂蚁一般“辛苦”。

同样，日本人也必须变得更加强大才行。这当然不单单是对当代年轻人的要求，相反，对于构成如今社会建设主力的我们“大人”来说，更应该承担起责任，变得强大起来。每一个日本人都要快点掌握更强的能力，通过自我价值实现的方式让社会向好发展，而这种良性循环如再不加速就必将错过这一轮发展期。我们这一代人，现在正站在能否将一个更加强大、富饶的日本托付给下一代的关键十字路口上。

曾经占据世界经济体量 16% 的日本，经历了“平成 30 年”的空白与停滞，被不断发展的世界甩在了身后，如今仅占世界经济的 6% 。作为曾经亚洲唯一的发达国家，现如今也早就从人均 GDP 第一的神坛上跌落了下来。在少子高龄化的进程中，事态还将进一步恶化。

如果日本整体走下坡路的话，那么社会环境的变化将使普通人不再能过上普通的生活。悠然过活也能吃饱饭的日本已经一去不复返了，在竞争越发激烈的蛋糕争夺战中，日本的“高诚信度社会”也将无以为继。如果再不采取措施的话，日本必然会陷入危机四伏的境地。再这样下去，等待我们的只能是一个“令人讨厌的时代”，而今后又将由谁来养活1.2亿人呢?

能让日本在竞争中存活下来的方法，就是要使培养人才的社会体系早日得到强化，让更多的人才为日本社会注入源源不断的活力。它看似是一个迂回式的方法，但实际上只有以教育为切入点实施变革，才是重塑日本的重中之重。简而言之，我们必须在各种领域培养出更多真正的专家，而这就需要我们去完善我们的人才培养机制，让不断涌现的青年人才去带动新兴产业的蓬勃发展。

现在这群即将踏上社会的年轻人中，一定有未来的“孙正义”和“铃木敏文”。那些在未来几十年中能成就大事业的年轻人们，现在一定正在某处踌躇满志地规划着未来，说不定其中就有本书的读者。所以，为了让更多的日本人树立职业生涯的目标意识，培养成为专业人士的决心与勇气，我们的人才培养机制必须尽早变革。

不仅仅是学校的教育，其实家庭教育更加重要。日本有太多家庭的父母从来不跟自己的孩子谈论职业生涯与金钱的话题。当然用自己的背影言传身教的父母固然可敬，但我们为人父母者至少要有跟孩子们谈论相关话题的意识。我希望所有读过本书的读者朋友们，不管是对自己的孩子、友人、兄弟姐妹还是与自己亲近的人，都能够主动去与他们谈论交流这些话题。

这种交流并不是为了说教，去告诉他人什么是正确的，更何况也没必要去说服别人，这种方式效果必然不会好。其实只要倾听对方现在是怎样想的就好，因为给对方创造思考的机会才是最重要的。日本社会需要那些具有高度自我意识、拥有能够匹配自身特质的职业生涯战略的人，这种主动“选择”如何在社会上立足的能力必须作为一种基础素质，让更多的日本人具备。

“职业生涯”需要的是个体的觉醒，简单来说，就是要让这样一个不去想自己究竟想做什么，抑或压制自我意识已经变成一种常态的社会，向一个能让每一个个体都理所当然地直面自己的“欲”并为之奋斗的社会转变。在社会大的机制下，每一个人的努力叠加后，将会形成一种带动社会整体健康发展的强大动力。每一个能够遵循本心追求自己理想的人，在经历过许多并成长为专业人士后，都会为社会施加积极影响并成为社会良性发展的原动力。

所以在这一层面上，我自己也正处于遵循内心的“欲”在职业生涯的道路上不断前行的阶段。我的“欲”就是满足

“求知欲”与“成就感”。将自己精心打造的战略投放市场，世界将会给我何种反馈呢？与结果揭晓那一瞬间令人坐立不安的紧张感相比，其他的事情似乎都变得索然无味，唯独这种刺激让我兴奋不已。我甚至觉得我就是为了体味这一瞬间兴奋的电流冲击感而来到这个世界上的。

所以我有了这样一个想法。既然从事了制定战略并用于市场营销这样一份工作，那么何不让我的工作成果成为一个变革的起点，去影响30年、50年，甚至是100年后的日本呢！赚再多的金钱也无法带去死后的世界，留给后代也只能成为引发无谓纷争的导火索。但如果我留给这个世界的遗产是一份可持续的“事业”，是能够帮助下一代日本年轻人的“Know How”的话，我想我在死前一定能含笑前往那个世界吧。所以我的职业生涯将无一丝保守，只有全力迈进这一个选项！

在完成日本环球影城经营重建的使命后，我与志同道合的伙伴们及一群市场营销领域的精英于2017年创立了“刀”。现在，“刀”正推进着数个比重建日本环球影城难度更高的项目。虽然现在向社会公开发布的就只有将在冲绳兴建的主题公园项目，但其实还有其他一些非常有价值的任务正在同步推进中，并已经早早地取得了不少显著成果。“刀”所奋战的舞台横跨多个行业，虽然每一个领域都有一些独特之处，但经过这些年的实践，我几乎每天都会再一次认识到，无论在哪一个战场，其实市场营销的本质从未发生过变化。

对于企业的生存，甚至对于日本的未来，我坚信市场营销都是极为关键的一环。这些年来我越发感到能掌握市场营销的专业能力真是一件幸事，在对市场营销进行体系化研究之后，我也终于确立了我的“森冈方式”。就像用它改变了日本环球影城一样，这是一个能将并不擅长市场营销的企业变得擅长的 Know How。这一领域也将会是我扬起大旗的阵地。今后，我将会和我的伙伴们合力，让“刀”始终处于满负荷运转的状态，也希望能通过这种方式为日本注入新的活力。

“这个世界是残酷的。但可以确信的是，你仍可以自己做出选择！”

本书传达了我对如何才能让只有一次的人生变得熠熠生辉的思考，也将如何才能活出自己应有风采的 Know How 倾囊相授。希望将这本书捧在手中的每一个人，都能树立起具有自身特色的人生目标，放开手脚，向着职业生涯的成功发起冲击。只要你能够充分认知自己那与生俱来的天赋特质，然后找到那片能够最大限度发挥它的天空，你就一定能比现在飞得更高！

这本诞生于“可怜天下父母心”的著作，如果能够与许许多多正在思考自己职业生涯的读者相会的话，那将会是我最开心的事。在此，我还要感谢钻石出版社的龟井先生给我出版此书的机会，谢谢！

最后，我还要向每一位将本书读到最后的读者送上我最真挚的感谢。

我衷心希望大家都能收获一段熠熠生辉的职业生涯！谢谢！

“用市场营销为日本注入活力！”

森冈毅

刀株式会社　董事长兼CEO